高压电气设备测试
实训指导书

主　编○何发武

西南交通大学出版社
·成　都·

图书在版编目（CIP）数据

高压电气设备测试实训指导书 / 何发武主编. —成都：西南交通大学出版社，2018.8（2025.1 重印）

ISBN 978-7-5643-6328-4

Ⅰ. ①高… Ⅱ. ①何… Ⅲ. ①高压电气设备－测试－高等职业教育－教学参考资料 Ⅳ. ①TM7

中国版本图书馆 CIP 数据核字（2018）第 184226 号

高压电气设备测试实训指导书

何发武　主编

责任编辑　张文越
封面设计　何东琳设计工作室

出版发行　西南交通大学出版社
（四川省成都市二环路北一段 111 号
西南交通大学创新大厦 21 楼）
邮政编码　610031
发行部电话　028-87600564　028-87600533
官网　http://www.xnjdcbs.com
印刷　成都中永印务有限责任公司

成品尺寸　185 mm × 260 mm
印张　5.75
字数　142 千
版次　2018 年 8 月第 1 版
印次　2025 年 1 月第 3 次
定价　16.00 元
书号　ISBN 978-7-5643-6328-4

课件咨询电话：028-81435775

前　言

预防性试验是电力设备运行和维护工作中的一个重要环节，是保证电力系统安全运行的有效手段之一。预防性试验规程是电力系统技术监督工作的主要依据。高压测试属于特种高危行业，理论与实践较难融合，授课存在“理论涩，实训难”的问题。全书以典型高压试验项目为载体，立足于高压电气试验工等核心岗位，试品涉及电力变压器、互感器、高压开关、避雷器、电力电容器、电力电缆和套管及绝缘子等。通过本书学习，读者可掌握电气设备绝缘结构的基本特性和试验方法，高压电气测试和绝缘预防性试验中常用的试验装置及测试仪器的原理与用法、基本测试程序和安全防护措施。

本指导书具有较强的实用性，内容编排难易适度，涵盖了现场电气设备绝缘预防性试验绝大部分常规试验项目内容，可作为《高电压设备测试》《城市轨道交通电气设备测试》配套实训指南，全书配套现场试验教学视频，满足不同学时的教学需求。

本书可作为本科、高职高专电气类专业教学用书，也可作为电气化铁路、城市轨道交通和地方电力等行业职业技能培训与鉴定教材，或供从事高压测试类工作的维护与管理人员、现场一线员工作学习培训或参考使用。

本书由广州铁路职业技术学院何发武任主编，长沙供电段罗建群任副主编，其中试验 9 和试验 10 由罗建群编写，其余内容由何发武编写，全书由北京市轨道交通运营管理有限公司白青林审稿。由于编者水平有限，难免有错漏之处，请广大读者不吝指正。

编　者

2018 年 8 月

目 录

安全须知

本试验手册引用的标准和规程为DL/T596-2005《电力设备预防性试验规程》。

一、安全工作的一般要求

1. 基本要求

（1）试验现场应装设遮栏或围栏，向外悬挂“止步，高压危险！”标示牌，并派专人看守。

（2）加压前必须认真检查试验接线，并确认表计倍率、量程、调压器零位及仪表的开始状态均正确无误，随后通知有关人员离开被试设备，并取得试验负责人许可，方可加压。加压过程中应有人监护并呼唱。在加压过程中，试验人员应精力集中，操作人应站在绝缘垫上。

（3）高压设备带电时的安全距离如表0-1所示。

表0-1　高压设备带电时的安全距离

电压等级/kV	安全距离/m
10及以下	0.70
20～35	1.00
60～110	1.50
220	3.00
330	4.00
500	5.00

二、安全风控检查

高压试验是一项危险工作，需要做好安全防护措施，安全风险辨析及预控措施检查可参考表0-2。

表 0-2 安全风险辨析及预控措施检查表

序号	安全风险	预控措施	检查结果
1	把有故障的试验设备带到现场或漏带设备	出工前检查试验设备是否完好，是否在有效期内，并对所需工器具逐一清点	
2	试验设备装卸过程中可能砸伤人员	应正确佩戴安全帽和手套，起吊设备前检查吊带或钢丝绳，确认完好。设备起吊过程严禁站在设备或吊臂的正下方。设备摆动时不得靠近，待稳定后再工作。搬运较轻仪器设备时，注意脚不能伸到搬运物下方	
3	试验电源容量可能太小，造成电源跳闸，甚至危及站用电等	工作前必须向施工单位或变电站了解清楚临时施工电源或检修电源容量情况，不能只看电源开关的容量。试验方案应明确提出对试验电源的要求	
4	登高作业可能跌落	登高作业必须佩戴安全带，必须将安全带扣在工作位置旁牢固、结实的固定物上。使用梯子前检查梯子是否完好，必须有人扶梯，扶梯人注意力应集中，对登梯人工作应起监护作用	
5	现场安全措施不满足安全要求	工作负责人应在值班人员的带领下核实工作地点、任务、安全措施设置、安全用具、拉开的刀闸、合上的地刀等情况	
6	工作任务和安全措施交待不详尽、不清晰	工作负责人应在开工前向全体工作成员交待清楚工作地点、工作任务、已拉开的隔离开关刀闸和已合上的接地开关的情况。检查安全围栏和标示牌等安全措施，特别注意与邻近带电设备的安全距离，防止走错间隔	
7	无关人员可能误入试验场地，影响试验的正常进行，重则危及生命	试验工作前，现场负责人必须确定工作范围，安排安全围栏设置，保证无缺口。在安全围栏周围派人监护，防止无关人员进入。各工作人员应认真履行职责，特别是试验时间较长时不应放松警惕；试验过程不得说笑或打瞌睡、玩手机等。发现有人将要闯入应立即制止，制止无效时，应立即高声呼叫，将试验回路紧急跳闸	
8	工作人员可能走错工作间隔，影响试验的正常进行，重则危及生命	按工作需要，办理相关工作票。到现场后首先由工作负责人落实工作许可手续，再由变电站人员或施工单位指明工作范围并确认；在开始工作前向工作班成员交代工作范围，并用围栏做好标识；工作过程中还应相互提醒	
9	现场存在交叉作业的情况	在试验现场附近如有别的施工在进行，且影响到试验安全时，不得开始试验。应同相关单位协调，要求其暂停工作，必须确认符合安全要求时才能开始试验	
10	绝缘距离不满足要求	工作开始前检查被试设备是否已与其余设备隔离，检查试验设备和被试设备与周围接地体和带电设备绝缘距离是否足够。对影响试验安全的引线，应要求拆除，不能有侥幸心理	
11	试验回路中CT二次侧开路、PT二次侧短路	开始试验前要派专人会同业主、厂家人员对CT、PT二次侧进行检查。CT二次侧必须短路接地，PT二次侧必须开路，且一点接地	
12	试验回路隔离开关或开关试验状态错误	开始试验前要派专人会同业主、监理、厂家对试验范围、开关刀闸状态结合图纸到现场进行确认，确认无误后方可开始试验	
13	感应电伤人、高压触电	试验中断、更改接线或结束后，必须切断主回路的电源，挂上接地线后才可更换试验接线	
14	拆接引线未恢复，或者遗留工具	工作负责人在试验工作结束后进行认真的检查，确认拆接引线已恢复，无遗留工具和杂物	

三、常用试验设备列表

高压试验常用试验设备列表参见表 0-3，包括常用的试验仪器及用具，防护工具参见表 0-4。

表 0-3　常用试验设备/仪器

序号	设备/仪器名称	规格	数量	备注（对应本书项目）
1	直流微安表	1 000 μA	1 只	试验三
2	交流电压表	0.2 级，300 V	2 只	试验一、五、十
3	可调式球间隔		若干	试验一、五
4	兆欧表	5 000 V、2 500 V、1 000V、500 V	若干	试验二，可以多量程选择
5	直流高压发生器		1 套	试验三，输出电压和容量应满足要求
6	介损测试仪		1 台	试验四
7	交流耐压试验装置		1 套	试验一、五，输出电压和容量应满足要求
8	变比测试仪		1 台	试验六
9	直流电阻测试仪		1 台	试验七
10	电缆故障测寻仪		1 套	试验八
11	绝缘油耐压试验仪		1 套	试验九
12	绝缘工具耐压测试仪		1 套	试验十
13	局部仪试验装置		1 套	输出电压和容量应满足要求
14	有载分接开关测试仪		1 台	
15	相位仪		1 台	
16	指针/数字万用表		各 1 台	所有试验可用
17	单、双臂电桥		1 台	
18	水银温度计	0 ~ 100 °C	1 只	所用试验可用
19	干湿温度计		1 只	所有试验可用

注 1：表中列出的是常用试验设备和仪器，基本能满足不同电压等级、额定容量和绝缘类型试验的需要，现场试验时应根据被试品的具体情况进行合理配置。

表 0-4　工器具配置

序号	名　称	规格/编号	单位	数量
1	试验警示围栏		块	若干
2	标示牌	高压危险止步	块	若干
3	安全带		套	若干
4	便携式电源线架		套	2
5	绝缘手套	12 kV	双	若干
6	绝缘鞋	35 kV	双	若干
7	绝缘操作杆	10 kV、35 kV、110 kV、220 kV	套	若干
8	高压放电杆		套	若干
9	安全帽		顶	若干
10	绝缘垫	10 kV、25 kV、35 kV	块	若干
11	高压引线、金属导线		套	若干
12	高压接地线	10 kV、35 kV	套	若干

总结几种预防性试验方法的特点如表 0-5 所示。

表 0-5　常见几种预防性试验方法优缺点

序号	试验方法	能发现的缺陷	不能发现的缺陷	评　价
1	绝缘电阻	贯穿的集中性缺陷，整体受潮、脏污，贯穿性的受潮	未贯穿的集中性缺陷，整体老化	基本方法
2	吸收比	受潮，贯穿的集中性缺陷	同上	判断受潮程度
3	泄漏电流	同上，以及某些未完全贯穿的集中性缺陷	同上	基本方法之一，比测绝缘电阻更灵敏
4	介质损耗角正切值	整体受潮、老化，小体积被试品的贯穿及未贯穿性缺陷	大体积被试品的集中性缺陷	基本方法之一，对大体积被试品不灵敏
5	局部放电	产生局部放电的缺陷	不产生局部放电的缺陷，受潮	可与其他方法配合使用
6	气相色谱分析	持续性的局部过热、局部放电	导致突然性匝间短路的缺陷	基本方法之一，用于检查充油设备
7	耐压试验	缺陷已使绝缘强度低于试验电压	缺陷尚未使绝缘强度低于试验电压	与其他方法配合检查最低电气强度

试验一　气体放电试验

一、试验目的

（1）熟悉高压试验变压器和直流高压装置的使用方法。

（2）研究交流电压作用下空气间隙的放电特性。

（3）观察沿面放电现象。

（4）观察电晕放电现象。

（5）了解屏障对击穿电压的影响。

二、试验内容

（1）研究交流电压作用下空气间隙的放电特性。

① 通过比较不同电场下相同电极间距的击穿电压值，说明电场均匀性对间隙击穿电压的影响。

② 不对称电极不均匀电场中间隙放电的极性效应。

③ 验证提高气体间隙放电的措施（如屏障、距离等）。

（2）观察具有强垂直分量电场结构的放电过程。

（3）观察电晕放电现象。

① 尖端电极的电晕放电。

② 输电线路的电晕放电。

三、试验设备及其接线图

1. 试验设备

（1）交直流一体化高压发生器。

（2）导线、放电电极若干。

（3）保护球隙及水电阻。

（4）相关放电模型。

2. 接线原理图

交流电压试验接线图如图 1-1 所示。直流电压试验接线图如图 1-2 所示。高压试验回路示意图如图 1-3 所示。

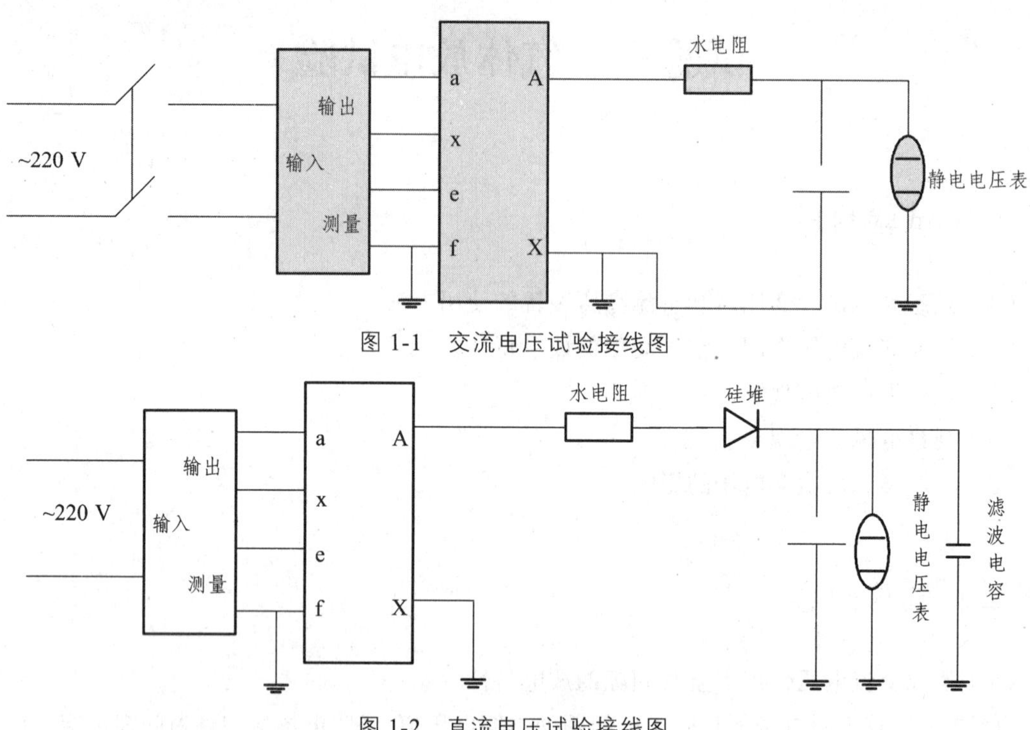

图 1-1 交流电压试验接线图

图 1-2 直流电压试验接线图

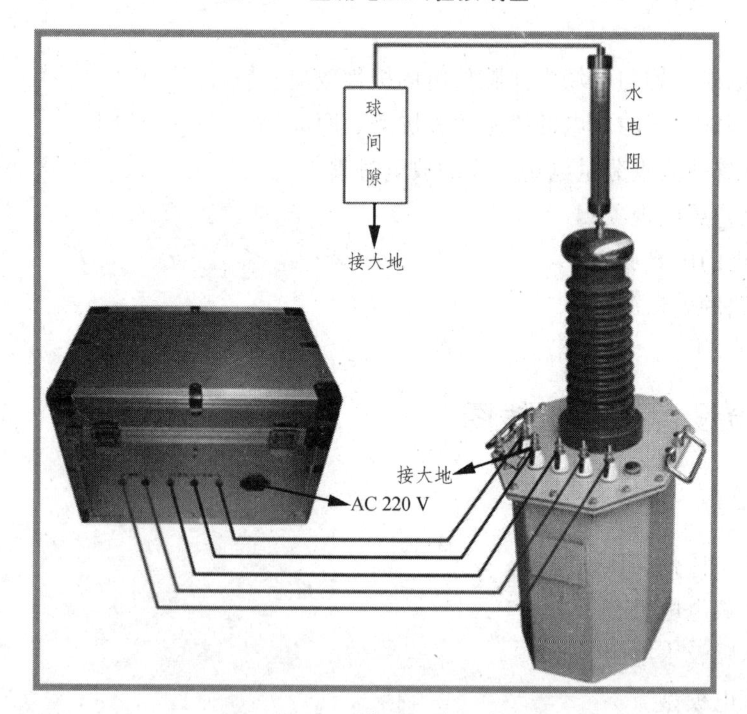

图 1-3 高压试验回路示意图

四、试验步骤

1. 记录温度和湿度

记录试验时的当地大气压强（如当地大气压强 85.3 kPa）、温度、湿度及主要试验设备的型号、参数。

2. 测试不对称电极形成不均匀电场中间隙放电的极性效应

其中，两个平板电极形成均匀电场，尖电极和平板电极形成不均匀电场，尖电极和球体电极形成极不对称电极。

（1）按图 1-2 接线，将直流电压装置的高压正极接于间隙的尖端，间隙另一板端接地，形成“正尖负板”电场，调节间隙距离为 1 cm。记录间隙的击穿电压。

（2）将直流高压装置的高压输出端变为负极性，高压负极接尖极，板极接地，形成“负尖正板”电场调节间隙距离为 1 cm，记录放电间隙放电电压。

（3）将尖电极和板改为尖电极和球体电极，比较极间距相同时，比较正尖—负球和负尖—正球的击穿电压值的大小，验证是否满足极性效应。

3. 测试电场均匀程度的对于击穿电压的影响

（1）将球—球极间距调整为 2 cm，测量其工频击穿电压，记录放电电压（放电球间隙如图 1-4 所示）。

（2）将尖—球极间距调整为 2 cm，测量其工频击穿电压，记录放电电压。

（3）比较上述情况下的击穿电压值并作简单的分析。

图 1-4　放电球间隙

4. 屏障作用

在尖—板不均匀电场中，分别放入白纸、木板作为屏障，并移动白纸、木板距离尖端 20%，

40%，60%，100% 的不同位置，比较正尖—负球和负尖—正球的击穿电压值的大小，验证加入屏障后对击穿电压的影响。

5. 沿面放电

（1）放电模型。

放电模型如图 1-5 所示。

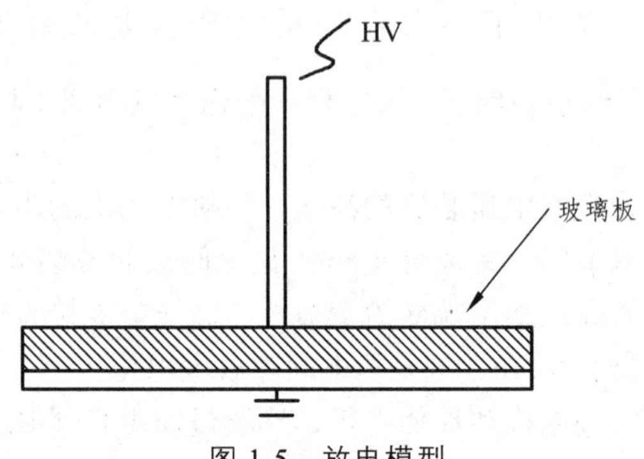

图 1-5　放电模型

（2）逐渐施加电压观察沿面放电的发展过程。

6. 沿面放电模型

（1）电压放电的模型。

尖端电极的电晕放电模型如图 1-6 所示。

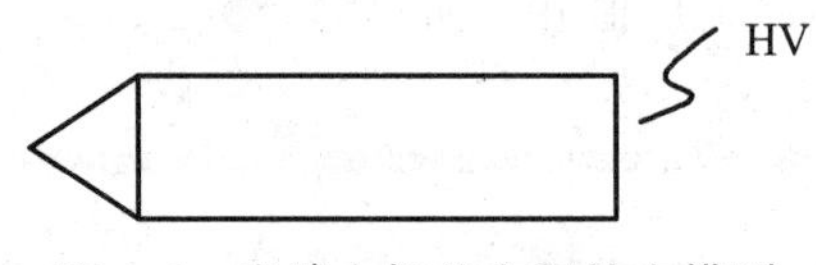

图 1-6　尖端电极的电晕放电模型

（2）逐渐施加电压观察电晕放电的发展过程。

五、注意事项

（1）必须遵照高电压试验安全工作准则。

（2）试验前要仔细检查接地线有无松脱、断线。

（3）当需要接触试验设备或更换试品时，要先切断电源，用接地棒放电，并将接地棒地线挂在试验设备的高压端后，才能接触设备。

六、思考题

（1）如何模拟不同类型电场？均匀电场、稍不均匀电场和极不均匀电场对间隙放电分别有什么影响？

（2）为什么在极不均匀电场中存在极性效应？请阐述正尖-负板和负尖-正板之间击穿电压有差异的原因。

（3）观察沿面放电的三个阶段分别有什么特性。

（4）电晕出现时伴随着哪些现象？

（5）屏障的位置与击穿电压、尖电极有何关系？

（6）气体击穿电压与哪些因素有关？

（7）根据试验结果，应采用哪些措施提高绝缘水平？

讲授视频

实操视频

气体放电试验

试验二　绝缘电阻、吸收比、极化指数测量

一、试验目的

（1）掌握测量绝缘电阻、吸收比、极化指数的重要性。
（2）掌握机械式兆欧表的原理和使用方法。
（3）掌握数字式兆欧表的绝缘电阻、吸收比、极化指数测量方法。
（4）掌握绝缘电阻测量和吸收比测量的接线和试验中要注意的事项。

二、试验内容及要求

（1）分别用机械式兆欧表和数字式兆欧表测量被试品的绝缘电阻，掌握用兆欧表测量绝缘电阻、吸收比、极化指数的使用方法。

（2）了解如何选择合适电压等级兆欧表。

三、试验装置及接线图

图 2-1 为机械式兆欧表，图 2-2 为数字式兆欧表，图 2-3、图 2-4 为变压器绕组及套管绝缘电阻接线图。

图 2-1　机械式兆欧表

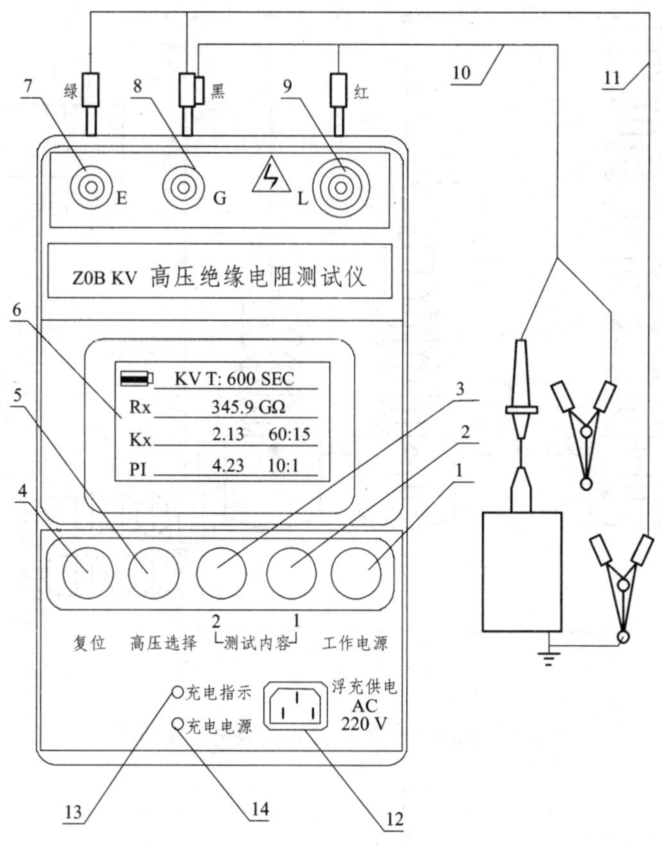

图 2-2　数字式兆欧表

1—工作电源键（绿）；2—测试内容选择键 1（红）；3—测试内容选择键 2（红）；4—复位键（白）；5—高压选择键（黄）；6—LCD 显示屏；7—E 端（接地）；8—G 端（屏蔽）；9—L 端（线路）；10—测试线（带探头）；11—接地线（黑）；12—充电电源插口；13—充电指示灯（绿）；14—充电电源指示灯（红）

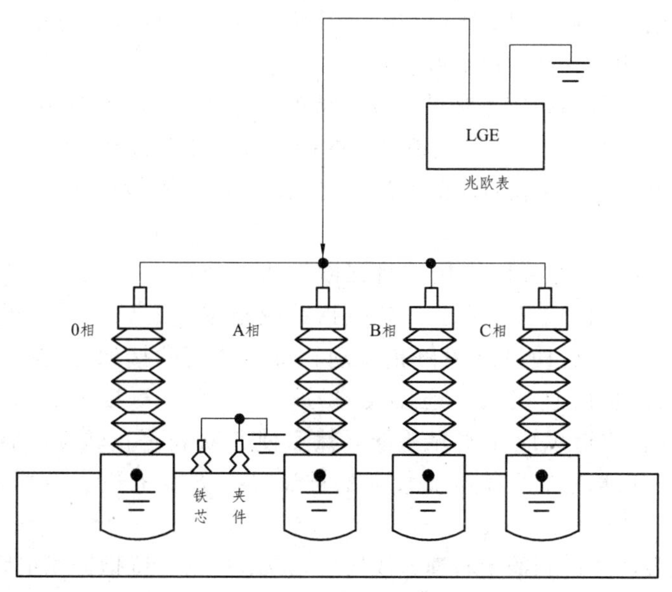

图 2-3　220 kV 变压器绕组绝缘电阻测量接线

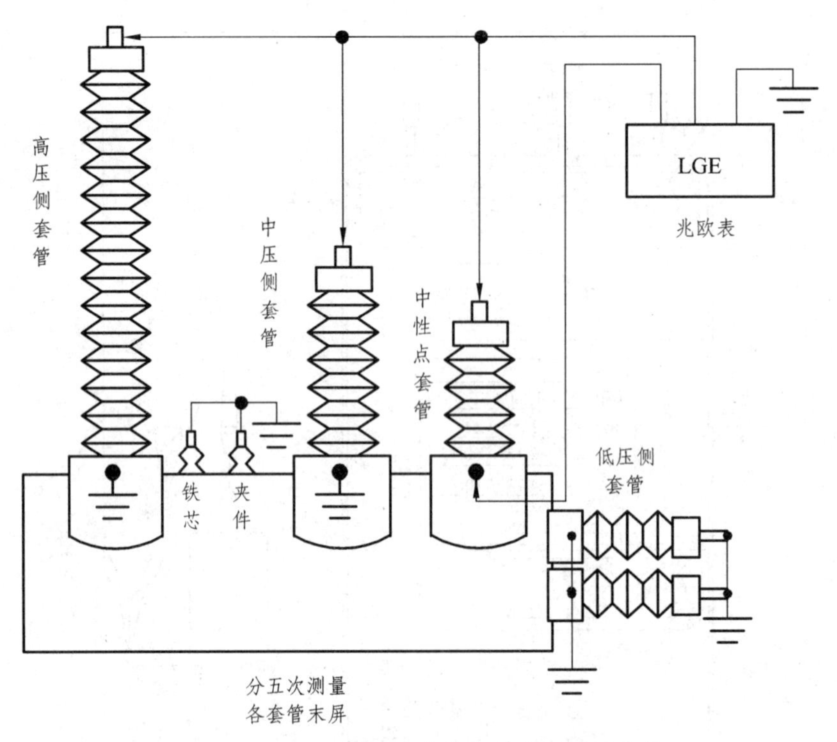

图 2-4 220 kV 变压器套管绝缘电阻测量接线

四、试验步骤及方法

1. 手摇式兆欧表测量绝缘电阻

（1）断开被试品的电源，拆除或断开对外的一切连线，将被试品接地放电。对电容量较大者（如发电机、电缆、大中型变压器和电容器等），应充分放电（5 min）。放电时应用绝缘棒等工具进行，不得用手碰触放电导线。

（2）用干燥清洁柔软的布擦去被试品外绝缘表面的脏污，必要时用适当的清洁剂洗净。

（3）兆欧表上的接线端子“E”接被试品的接地端，“L”接高压端，“G”接屏蔽端。屏蔽端子“G”的作用是使绝缘表面泄漏电流不要流过线圈，测量绝缘体积电阻不受绝缘表面状态的影响。

（4）将屏蔽线和绝缘屏蔽棒连接。将兆欧表水平放稳，当兆欧表尚在低速旋转时，用导线瞬时短接“L”和 “E”端子，此时指针应指零。开路时，兆欧表转速达额定转速其指针应指“∞”。然后使兆欧表停止转动，将兆欧表的接地端与被试品的地线连接，兆欧表的高压端接上屏蔽连接线，连接线的另一端悬空（不接试品），再次驱动兆欧表或接通电源，兆欧表的指示应无明显差异。然后使兆欧表停止转动，将屏蔽连接线接到被试品测量部位。如遇表面泄漏电流较大的被试品（如发电机、变压器等），还要接上屏蔽护环。

（5）驱动兆欧表速度达到额定转速，或接通兆欧表电源，待指针稳定后（或 60 s），读取绝缘电阻值。

（6）测量吸收比和极化指数时，先驱动兆欧表至额定转速，待指针指“∞”时，用绝缘工具将高压端立即接至被试品上，同时记录时间，分别读出 15 s 和 60 s（或 1 min 和 10 min）时的绝缘电阻值。

（7）读取绝缘电阻后，先断开接至被试品高压端的连接线，然后再将兆欧表停止运转。测试大容量设备时更要注意，以免被试品的电容在测量时所充的电荷经兆欧表放电而使兆欧表损坏。

（8）断开兆欧表后对被试品短接放电并接地。

（9）测量时应记录被试设备的温度、湿度、气象情况、试验日期及使用仪表等。

2. 数字式兆欧表测量绝缘电阻

1）安全事项

（1）被测试品应可靠接地。被测试品为容性负载时，应使其两测试端充分短路放电。

（2）当按下“测试内容”键接通高压后，不要触及 L 端金属部分，以防高压电击伤人。

（3）测试完毕后，应首先按“测试内容”键关断高压，将被试品充分放电后，再按“工作电源”键关断总电源。

2）操作键功能介绍

（1）工作电源键（绿）：该键主管整机电源开和断。按下时绿灯亮，主电源接通。抬起时绿灯灭，主电源断。

（2）测试内容选择键 1（红）：选择此功能键时测量绝缘电阻 R_x 和吸收比 K_x，仪表会工作 60 s，自动记录 15 s 和 60 s 时的绝缘电阻值并自动计算出吸收比，不需要人工计时和记录 15 s 和 60 s 时的绝缘电阻值。该键按下时有高压输出，请勿用手接触高压测量端，仪器伴有“嘟、嘟、嘟”叫声，抬起为关断高压电源。

（3）测试内容选择键 2（红）：选择此功能键时测量绝缘电阻 R_x、吸收比 K_x 和极化指数 PI，仪表会工作 600 s，自动记录 60 s 和 600 s 时的绝缘电阻值并自动计算出吸收比和极化指数，不需要人工计时和记录 60 s 和 600 s 时的绝缘电阻值。该键按下时同样有高压输出。

（4）复位键（白）：该键为计算机复位键。受干扰或刷新数据时按此键，兆欧表复位并重新启动。

（5）高压选择键（黄）：该键用于选择不同的高压输出用，按下为高电压挡 5 000 V，抬起为低电压挡 2 500 V。

3）蓄电池电量检查与充电

（1）按下“工作电源”键，仪器面板 LCD 上出现选择菜单后如图 2-4 所示。

▭为电池形象符号。黑色宽带的长短表示电池电量的多少。当电池黑色宽带呈现中空状态时，表示蓄电池电量不足，必须充电。

（2）充电时（使仪器处于关断状态）通过电源线接入 220 V，此时红色充电电源指示灯亮，绿色充电指示灯亮，开始对蓄电池充电。充电时间约 12 小时。蓄电池充满电后（13.5 V 左右）绿色充电指示灯灭，仪器自动停止充电。

4）工作测量

（1）按下工作键，仪器出现选择菜单后如图 2-5，先选择符合要求的“测量电压”通过“高压选择”键实现，按下为高电压挡，抬起为低电压挡。

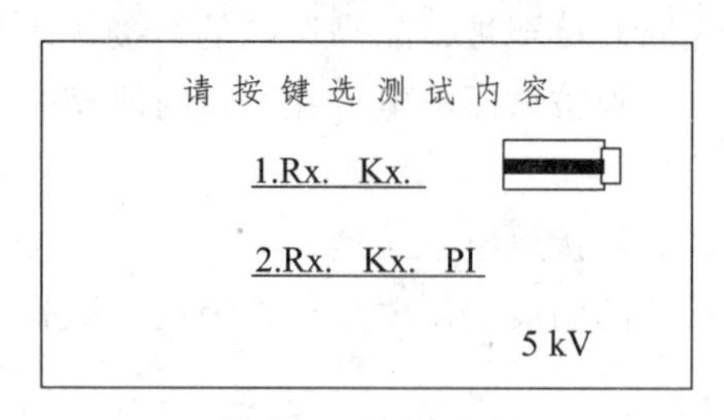

图 2-5　按键选项

（2）根据测量需要，选择“测试内容 1”和“测试内容 2”。“测试内容 1”用于电阻值 R_X 和吸收比 K 值的测量，工作时间为 60 s。“测试内容 2”用于电阻值 R_X 和吸收比 K 值及极化指数 PI 值的测量，工作时间为 600 s。按下“测试内容 1”或“测试内容 2”键后，仪器高压接通并开始进行相应的测试项目测量。高压接通时，仪器有“嘟、嘟、嘟”声响提示，请注意安全。“测试内容 1”与“测试内容 2”键每次只能选择一个按下，不能同时把两键按下。

（3）测试结束后，LCD 显示测量结果如图 2-4 所示。

（4）测试容性负载时，若因试品击穿放电，仪器会自动复位后重新进行计时和测量。

五、数据处理与分析

1. 数据分析

测量时，绝缘电阻值是不断变化的：其中 t 趋于无穷时，绝缘电阻值等于两层介质绝缘电阻的串联值。通常所说的绝缘电阻均指吸收电流衰减完毕后的稳态电阻值。受潮时，绝缘电阻值显著降低，电导电流显著增大，吸收电流迅速衰减。因而能揭示绝缘整体受潮、局部严重受潮、存在贯穿性缺陷等情况。对于某些大型被试品，用测“吸收比”的方法来替代极化指数作为衡量标准。

原理：$t = 15$ s 和 $t = 60$ s 时的两个瞬时电流值 I_{15} 和 I_{60} 比值 $K = R_{60}/R_{15} = I_{15}/I_{60}$。$R_{60}$ 已经接近于稳态绝缘电阻值，恒大于 1，K 越大表示吸收现象越显著，绝缘性能越好。一般以 $K >= 1.3$ 作为设备绝缘状态良好的标准，但有些变压器的 K 虽大于 1.3，但绝缘电阻 R 值却很低；有些 $K<1.3$，但 R 值却很高。所以应将 K 值和 R 值结合起来考虑，方能作出比较准确的判断。

极化指数 PI：在同一次试验中，加压 10 min 时的绝缘电阻值与加压 1 min 时的绝缘电阻值之比。对极化指数有如下规定：极化指数在常温下不低于 1.5；当 R_{60s} 大于 10 000 MΩ 时，极化指数可不作要求。预试时可不测量极化指数；吸收比不合格时增加测量极化指数，二者之一满足要求即可。《电气装置安装工程电气设备交接试验标准》（GB50150-2016）规定，变压器电压等级为 220 kV 及以上且容量为 120 MVA 及以上时，宜用 5 000 V 兆欧表测量极化指数。测得值与产品出厂值相比应无明显差别，在常温下不小于 1.3；当 R_{60s} 大于 10 000 MΩ 时，极化指数可不做考核要求。

2. 绝缘电阻参考值

常见高压设备绝缘电阻参考值如下：

（1）变压器绕组绝缘电阻吸收比（10 °C ~ 30 °C）不低于 1.3 或极化指数不低于 1.5。

（2）金属氧化物避雷器采用 2 500 V 及以上兆欧表电压达 35 kV 以上时，绝缘电阻不低于 2 500 MΩ；35 kV 及以下时，绝缘电阻不低于 1 000 MΩ。

（3）套管主绝缘的绝缘电阻值不应低于 10 000 MΩ，末屏对地的绝缘电阻不应低于 1 000 MΩ。

（4）电抗器绕组绝缘电阻一般不低于 1 000 MΩ（20 °C）。

（5）电容器极对壳绝缘电阻不低于 2 000 MΩ

（6）针式支柱绝缘子的每一元件和每片悬式绝缘子的绝缘电阻不应低于 300 MΩ，500 kV 悬式绝缘子不低于 500 MΩ。

（7）油纸绝缘电缆主绝缘电阻值应满足表 2-1。

表 2-1　油纸绝缘电缆绝缘电阻参考值

额定电压/kV	1 ~ 3	6	10	35
绝缘电阻每 km 不少于/MΩ	50	100	100	100

橡塑绝缘电缆主绝缘电阻值应满足表 2-2。

表 2-2　橡塑绝缘电缆绝缘电阻参考值

额定电压/kV	3 ~ 6	10	35
绝缘电阻每 km 不少于/MΩ	1 000	1 000	2 500

橡塑绝缘电缆的内衬层和外护套间绝缘电阻每 km 不应低于 0.5 MΩ（使用 500 V 兆欧表），当绝缘电阻低于 0.5 MΩ/km 时，可用万用表正、反接线分别测量铠装层对地、屏蔽层对铠装的电阻，当两次测得的阻值相差较大时，表明外护套或内衬层已破损受潮。

3. 绝缘电阻记录表

绝缘电阻记录表参考表 2-3、表 2-4。

表 2-3　测量绝缘电阻和吸收比的数据表格

试验名称及型品	测量电压	电阻值（MΩ）		绝缘电阻 R_{60}	吸收比 R_{60s} / R_{15s}	极化指数 $R_{600\,s}$ / $R_{60\,s}$
		15 s	60 s		K	PI

表 2-4　电缆绝缘电阻试验数据

年　月　日

单位工程			安装地点		试验日期	年 月 日	
1. 绝缘电阻测定					兆欧表电压 2 500 V		
电缆编号	电压/kV	型号截面/mm^2	电缆线路			绝缘电阻(MΩ)	
			长度/m	起点	终点		
						A	
						B	
						C	
						A	
						B	
						C	
						A	
						B	
						C	
						A	
						B	
						C	
备注				结论			
试验人员				试验负责人			

绝缘电阻测量时，必要情况下，对被试品各部位分别进行分解测量，将不测量部位接屏蔽端，便于分析缺陷部位。在《电气设备试验规程》中，要求套管主绝缘的绝缘电阻值不低于 10 000 MΩ，末屏对地的绝缘电阻不低于 1 000 MΩ。除了测得的绝缘电阻值很低，试验人员认为该设备绝缘不良外，一般情况下，试验人员应将同样条件下的不同相绝缘电阻值，或以同一设备历次试验结果（在可能条件下换算至同一温度）进行比较，结合其他试验结果进行综合判断，换算时参考表 2-5 绝缘电阻温度换算系数。

表 2-5　A 级绝缘材料绝缘电阻试验温度换算系数 KR（20 °C）

试验温度/°C	6	8	10	12	14	16	18	20	22	24	26	28	30	32	34	36
换算系数	0.44	0.5	0.56	0.63	0.71	0.79	0.89	1.0	1.12	1.26	1.41	1.58	1.78	1.99	2.24	2.51

六、注意事项

1. 外绝缘表面泄漏的影响

一般应在空气相对湿度不高于 80%条件下进行试验，在相对湿度大于 80% 的潮湿天气，电气设备引出线瓷套表面会凝结一层极薄的水膜，造成表面泄漏通道，使绝缘电阻明显降低。此时，应在引出线瓷套上装设屏蔽环（用细铜线或细熔丝紧扎 1 ~ 2 圈）接到兆欧表屏蔽端子。常用的接线如图 2-3 所示。屏蔽环应接在靠近兆欧表高压端所接的瓷套端子，远离接地部分，以免造成兆欧表过载，使端电压急剧降低，影响测量结果。

2. 残余电荷的影响

若试品在上一次试验后，接地放电时间 t 不充分，绝缘内积聚的电荷没有放净，仍积聚有一定的残余电荷，会直接影响绝缘电阻、吸收比和极化指数值。接地放电至少 5 min 以上才能得到较正确的结果。对三相发电机分相测量定子绝缘电阻时，试完第一相绕组后，也应充分放电 5 min 以上，才能试验第二相绕组。否则同样会发生相邻相间异极性电荷未放净，造成测得绝缘电阻值偏低的现象。

3. 感应电压的影响

测量高压架空线路绝缘电阻，若该线路与另一带电线路有一段平行，则不能进行测量，防止静电感应电压危及人身安全，同时以免有明显的工频感应电流流过兆欧表使测量无法进行。

4. 温度的影响

试品温度一般应在 10 °C ~ 40 °C 之间。绝缘电阻随着温度升高而降低，但目前还没有一个通用的固定换算公式。温度换算系数最好以实测为准。例如正常状态下，当设备自运行中停下，在自行冷却过程中，可在不同温度下测量绝缘电阻值，从而求出其温度换算系数。

5. 测量结果的判断

绝缘电阻值的测量是常规试验项目中的最基本的项目。根据测得的绝缘电阻值，可以初步估计设备的绝缘状况，通常也可决定是否能继续进行其他施加电压的绝缘试验项目等。

在《电气设备预防性试验规程》中，有关绝缘电阻标准，除少数结构比较简单和部分低电压设备规定有最低值外，对多数高压电气设备的绝缘电阻值不作规定或自行规定。

除了测得的绝缘电阻值很低，试验人员认为该设备的绝缘不良外，在一般情况下，试验人员应将同样条件下的不同相绝缘电阻值，或以同一设备历次试验结果换算至同一温度进行比较，结合其他试验结果进行综合判断。需要时对被试品各部位分别进行分解测量（将不测量部位接屏蔽端），便于分析缺陷部位。

七、思考题

（1）什么是极化指数？在什么情况下需要测量？

（2）兆欧表中屏蔽端有什么作用，应如何接线？

（3）如果试验数据中 K=1.25，应如何判断其绝缘是否有缺陷？

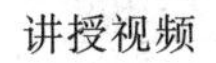

讲授视频

实操视频

绝缘电阻、吸收比、极化指数测量

试验三　泄漏电流及直流耐压试验

一、试验目的

（1）学习泄漏电流试验方法和过程。

（2）比较泄漏电流测量试验与绝缘电阻两种方法的区别。

（3）通过试验数据分析试品的绝缘情况。

（4）通过比较变压器绕组、套管、避雷器和电缆等设备的泄漏电流大小不同，理解泄漏电流测量精度。

二、泄漏电流试验内容及步骤

1. 泄漏电流试验

（1）试验有两个项目：测量避雷器泄漏电流（电导电流）和非线性系数。

电导电流和直流 1 mA 下的电压 U_{1mA} 的测量试验目的是检查避雷器并联是否受潮、劣化、断裂，以及同相各元件的 α 系数是否相配；对无串联间隙的金属氧化物避雷器则要求测量直流 1 mA 下的电压及 75% 该电压下的泄漏电流。

（2）试品：FZ-15 型避雷器、HY5WS-10/30 避雷器等。

2. 试验标准

国标 GB50150《电气设备交接验收规程》规定避雷器的泄漏电流试验电压及允许泄漏电流值见表 3-1 和表 3-2。由于试品为 FZ-15，因此，试验电压为 16 kV，对应允许泄漏电流 400～650 μA，若超过此范围，则试品内可能受潮。

表 3-1　FZ 型避雷器泄漏电流参考值（20℃时）

元件额定电压/kV			3	6	10	15	20	30
直流试验电压/kV	U_2					8	10	12
	U_1		4	6	10	16	20	24
U_2时电导电流/μA	上限		650	650	650	650	650	650
	下限	交接	400	400	400	400	400	400
		运行	300	300	300	300	300	300
同相各节间电导电流最大相差%							25	30
同相各节间非线性系数 α 的差值：交接时不应大于 0.04，运行中不大于 0.05								

表 3-2　FCD 避雷器的泄漏电流试验电压及允许泄漏电流值

型　　号	FCD				
额定电压/kV	3	6	10	13.5	15
试验电压/kV	4	6	10	16	20
电导电流/μA	FCD_1、FCD_3 型不应大于 10 FCD 型为 50-100、FCD_2 型为 5-20				

1）FZ 型避雷器

FZ（PBC，LD）型有分流电阻的避雷器的各元件直流试验电压和电导电流标准及同相各节间非线性系数差值，同相各节电导电流最大相差值（%）标准如下：

$$电导电流最大相差（\%）=\frac{I_{\mathrm{m}}ax-I_{\mathrm{m}}in}{I_{\mathrm{m}}ax}\times 100\%$$

$$\alpha=\lg\frac{U_1}{U_2}/\lg\frac{I_1}{I_2}$$

I_1、I_2 分别为电压 U_1、U_2 时测得的电导电流。

$$\Delta\alpha=\alpha_1-\alpha_2$$

2）FCD 避雷器

3）氧化锌避雷器

氧化锌避雷器试验标准如下：$U_{1\mathrm{mA}}$ 值与初始值或与制造厂给定值相比较，变化应不大于 ± 5%，$0.75U_{1\mathrm{mA}}$ 下的泄漏电流不大于 50 μA。

4）非线性系数

《电气设备交接验收规程》中规定避雷器同一相内串联组合元件的非线性系数差值不应大于 0.04。

测量非线性系数方法是：分别测出额定试验电压及 50%试验电压下的电导电流，由下列公式即得出非线性系数，即

$$\alpha=U_1\cdot U_2/I_1\cdot I_2 \tag{3-1}$$

式中　U_2、I_2——额定试验电压及对应测得的泄漏电流；

U_1、I_1——50% 额定试验电压及对应测得的泄漏电流。

3. 试验步骤

试验装置及接线图（图 3-1）：避雷器接地端接地，高压直流发生器（图 3-2）输出端通过微安表与避雷器引线端相连。

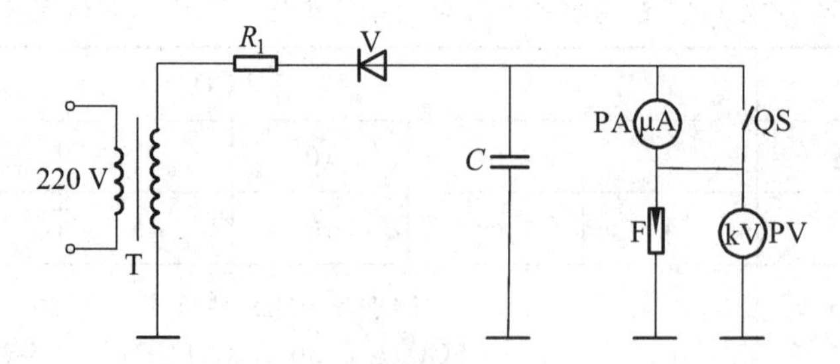

图 3-1　泄漏电流试验原理图

T—试验变压器；PA—电流微安表；R_1—水阻；PV—静电压表；
V—高压硅堆；QS—闸刀开关；F—避雷器

直流发生器组合结构示意图

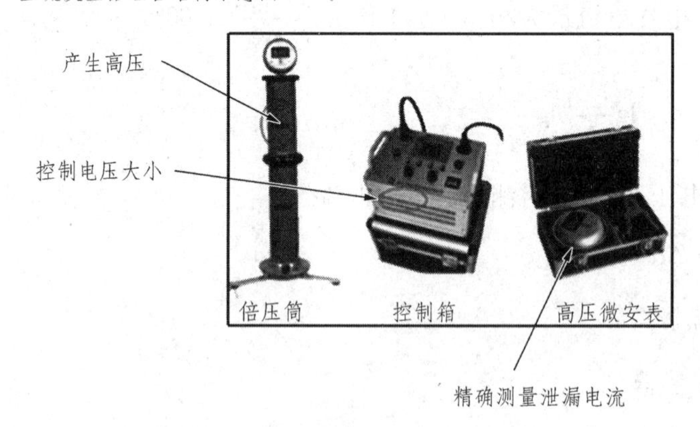

图 3-2　直流发生器设备组合图

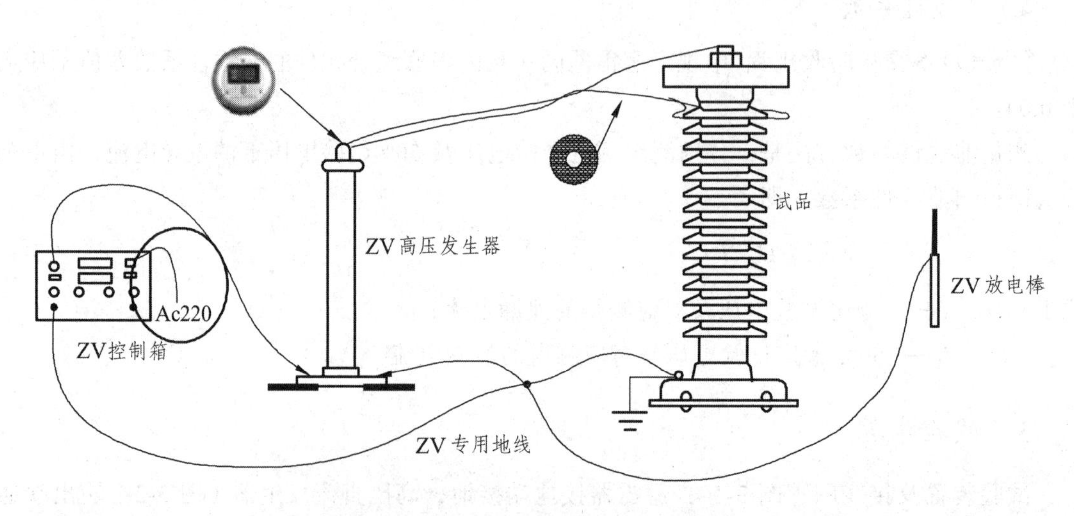

图 3-3　泄漏电流及耐压试验接线图

图 3-4　泄漏电流及直流耐压试验现场图

（1）断开试品电源，并对地放电。

（2）按图 3-3 接线。

（3）接通电源前，调压器应在零位，合上与微安表并联的短路刀闸 QS（此为微安表保护刀闸，如仪器有微安表保护电路，由忽略此开关）。

（4）将升高电压至 $U_1 = 50\%U_{试}$（即 8 kV），加压 1 min 后，打开 QS，读取泄漏电流 I_1；合上 QS，继续将升高电压至 $U_2 = 100\%U_{试}$（即 16 kV），加压 1 min 后，打开 QS，读取泄漏电流 I_2，填写表 3-3。

（5）将电压降为零，断开电源。

（6）根据 100% 的试验电压下的泄漏电流 I_2 检查试品是否受潮。

（7）计算避雷器的系数。

表 3-3　避雷器试验数据表

避雷器型号	额定电压/kV	额定试验电压/kV	泄漏电流/μA	
			$50\%U_{试}$	$100\%U_{试}$

三、电力电缆直流耐压试验内容及步骤

1. 试验接线

电力电缆直流耐压试验的接线与图 3-1 相同（注意需要将非测量相接地），不同的是试验电压较高。一般直流耐压值为其额定电压的 2 倍电压以上。进行直流耐压试验时，同时记录泄漏电流测量数据，通过分析泄漏电流跟随试验电压变化的规律检查绝缘缺陷。

在《电气设备交接试验标准》中要求做直流耐压试验的设备是：同步发电机、交流电动机和电力电缆。

（1）试验项目：电力电缆直流耐压试验。

（2）试品：6 kV 橡胶电缆。

2. 试验标准

试验标准根据《电气设备交接试验标准》规定，直流耐压试验电压标准参考表 3-4 ~ 3-9。

表 3-4 预试时绝缘电缆主绝缘的直流耐压试验值（加压 5 min）

电缆额定电压（U_0/U）	直流试验电压/kV
1.0/3	12
3.6/3.6	17
3.6/6	24
6/6	30
6/10	40
8.7/10	47
21/35	105
26/35	130

表 3-5 交接时黏性油浸纸绝缘电缆主绝缘直流耐压试验电压值

电缆额定电压 U_0/U/kV	0.6/1	6/6	8.7/10	21/35
直流试验电压/kV	6U	6U	6U	5U
试验时间/min	10	10	10	10

表 3-6 不滴流油浸纸绝缘电缆主绝缘直流耐压试验电压值

电缆额定电压 U_0/U/kV	0.6/1	6/6	8.7/10	21/35
直流试验电压/kV	6.7	20	37	80
试验时间/min	5	5	5	5

表 3-7 交联聚乙烯电缆主绝缘的直流耐压试验标准（加压 5 min）

电缆额定电压（U_0/U）	直流试验电压/kV
1.8/3	11
3.6/3.6	18
6/6	25
6/10	25
8.7/10	37
21/35	63
26/35	78
48/66	144
64/110	192
127/220	305

油浸电力变压器直流泄漏试验见表 3-8，绕组直流泄漏电流参考值见表 3-9。

表 3-8　油浸式电力变压器直流泄漏试验电压标准

绕组额定电压/kV	6 ~ 10	20 ~ 35	63 ~ 330	500
直流试验电压/kV	10	20	40	60

注：① 绕组额定电压为 13.8 kV 及 15.75 kV 时，按 10 kV 级标准；18 kV 时，按 20 kV 级标准。
② 分级绝缘变压器仍按被试绕组电压等级的标准。

表 3-9　油浸电力变压器绕组直流泄漏电流参考值

额定电压/kV	试验电压峰值/kV	在下列温度时的绕组泄漏电流值/μA							
		10 °C	20 °C	30 °C	40 °C	50 °C	60 °C	70 °C	80 °C
2 ~ 3	5	11	17	25	39	55	83	125	178
6 ~ 15	10	22	33	50	77	112	166	250	356
20 ~ 35	20	33	50	74	111	167	250	400	570
63 ~ 330	40	33	50	74	111	167	250	400	570
500	60	20	30	45	67	100	150	235	330

3. 试验步骤

（1）试验变压器的高压绕组的 X 端（高压尾）、仪表测量绕组的 F 端、试验变压器的外壳以及电源控制箱（台）的外壳必须可靠接地。

（2）接电源前、电源控制箱（台）的调压器必须调到零位。接通电源后，绿色指示灯亮，按一下启动按钮，红色指示灯亮，表示试验变压器已接通控制电源，开始升压。

（3）从零位开始按顺时针方向匀速旋转调压器手轮升压。（升压方式有：快速升压法即 20 s 逐级升压法；慢速升压法，即 60 s 逐级升压法；极慢速升压法供选用。）电压从零开始按选定的升压速度升到所需额定试验电压或额定直流电流下的参考电压。

（4）将试验电压从 0 ~ 100% 试验电压分成若干段，现分为五段，见表 3-6。分别将升高电压至 U_1、U_2、U_3、U_4，各加压 1 min 后，读取对应电导电流 I_1、I_2、I_3、I_4；最后将电压升高至额定试验电压 U_5，注意观察有无放电现象和异常声音，耐压 15 min 后读取 I_5。

（5）试验完毕后，应迅速均匀将高压降至零位，按一下停止按钮，高压、低压输出停止，然后切断电源。此时应用直流高压放电棒给被试品及试验装置本身充分放电。

（6）按照上述步骤可分别测出各相对地和各相间的泄漏电流，填写表 3-10。

（7）绘出泄漏电流随试验电压升高变化的曲线，分析试品是否有局部性绝缘缺陷。

表 3-10　直流耐压试验数据

年　月　日

单位工程			安装地点			试验日期	年　月　日
1. 直　流　耐　压　试　验							
电缆编号	相别	试验电压/kV	持续时间 min	泄　露　电　流　/μA			
				25%	50%	75%	100%
1BDY -01	A—B.C. E						
	B—C.A. E						
	C—A.B. E						
2BDY -01	A—B.C. E						
	B—C.A. E						
	C—A.B. E						
相序检查							
备注				结论			
试验人员				试验负责人			

4. 检查相位

测量电缆相位目的是检查并确保电缆两端相位一致并应与电网相位相符合，以免造成短路事故，一般在交接时或检修后使用数字万用表即可完成。

在电缆一端将某相接地，其他两相悬空，准备完毕，用对讲机呼叫电缆另一端准备测量。将万用表的挡位开关置于测量电阻的合适位置，打开万用表电源，黑表笔接地，将红表笔依次接触三相，观察红表笔处于不同相时电阻值的大小。

当测得某相直流电阻较小而其他两相直流电阻无穷大时，说明该相在另一端接地，呼叫对侧做好相序标记（己侧也做好相同的相序标记）。重复步骤，直至找完全部三相为止，最后随即复查任意一相，确保电缆两端相序的正确。

接线图如图 3-5 所示。

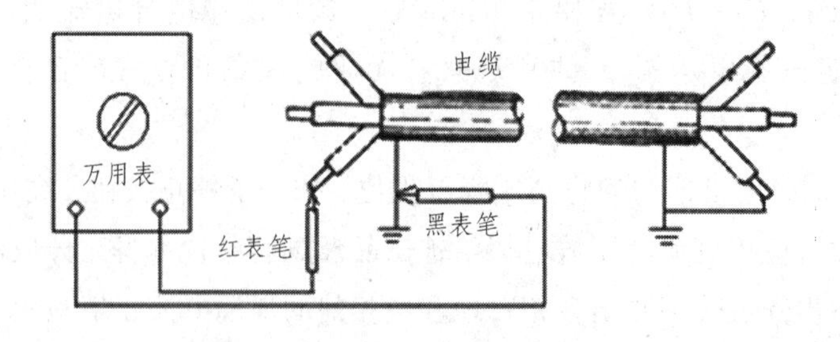

图 3-5　数字万用表检查电缆相位

四、注意事项

1. 试验前接线

检查接线及仪表位置是否正确。接通电源前，调压器应在零位，选择好合适的微安表量程。试验人员应做好责任分工，设定好试验现场的安全距离，仔细检查好被试品及试验变压器的接地情况，并设有专人监护安全及观察被试品工作状态。

被试品进行试验前，应拆除所有对外连线，并充分放电，主要部位应清除干净，保持绝对干燥，以免损坏被试品及带来试验数值的误差。

升压前检查微安表有无读数。若有较小的读数，应查找原因，经消除后，再进行试验。

对金属屏蔽或金属套一端接地，另一端装有护层过电压保护器的单芯电缆主绝缘作直流耐压试验时，必须将护层过电压保护器短接，使这一端的电缆金属屏蔽或金属套临时接地。

每次改变试验接线时，应保证电缆电荷完全释放、电源断开、调压器处于零位，将待被试的相先接地，接线完毕后加压前取下该相的地线。

2. 试验过程升压

试验过程中，应严密监视被试品、微安表及试验装置等，一旦发生闪烁、击穿等现象应立即降压，切断电源，并查明原因。对于大容量试品（电容器、超长电缆等）试验时应缓慢升压，防止被试品的充电电流过大而烧坏微安表，必要时应分级加压并分别读取各电压下微安表的稳定读数。

试验时，应每相分别施加电压，其他非被试相应短路接地。相与相间的泄漏电流相差很大，说明电缆某芯线绝缘可能存在局部缺陷。

如果可能存在较大的干扰电流时，应在不接试品的情况下，分别读取对应五个电压下的干扰电流，然后将它们对应减掉，从而得到真实的电流。

在加压过程中，泄漏电流突然变化，或者随时间的增长而增大，或者随试验电压的上升而不成比例地急剧增大，说明电缆绝缘存在缺陷，应进一步查明原因，必要时可延长耐压时间或提高耐压值来找绝缘缺陷。

若试验电压一定，而泄漏电流作周期性摆动，说明电缆存在局部孔隙性缺陷。当遇到上述现象，应在排除其他因素（如电源电压波动、电缆头瓷套管脏污等）后，再适当提高试验电压或延长持续时间，以进一步确定电缆绝缘的优劣。

试验完毕，必须将试品经电阻对地放电。

3. 试验数据分析

泄漏电流值和不平衡系数只作为判断绝缘状况的参考，不能作为是否能投入运行的判据。

注意温度和空气湿度对表面泄漏电流的影响，当空气湿度过大，对电缆表面泄漏电流远大于体积泄漏电流，或者表面脏污易于吸潮，使表面泄漏电流增加，所以必须擦净表面，并应用屏蔽电极。

要求耐压 5 min 时的泄漏电流值不得大于耐压 1 min 时的泄漏电流值。对纸绝缘电缆而言，三相间的泄漏电流不平衡系数不应大于 2，其中 6 kV 及以下电缆的泄漏电流小于 10 μA，10 kV 电缆的泄漏电流值小于 20 μA 时，对不平衡系数不作规定。

五、思考题

（1）请绘出泄漏电流随试验电压变化的曲线。
（2）请描述如何用试验数据和曲线判定试品的绝缘情况？
（3）做直流耐压试验应该注意哪些要素？
（4）微安表放于屏蔽罩内的目的是什么？
（5）测量 U_{1ma} 用于判断氧化锌避雷器什么特性？
（6）测量 $I_{0.75\ U1mA}$ 用于判断氧化锌避雷器什么故障？其合格值是多少？

讲授视频

实操视频

泄漏电流及直流耐压试验

试验四　绝缘介质损耗测量试验

一、试验目的

（1）掌握使用高压自动精密介损仪（图 4-2）测量电气设备绝缘介质损耗的方法。
（2）根据测试结果，判断绝缘质量。
（3）学习高电压测量高压设备绝缘介质损失角正切 $\tan\delta$ 与其电容量。

二、测量原理

在交流电压作用下，电介质要消耗部分电能，转变为热能产生损耗。这种能量损耗叫作电介质的损耗。电介质中的电压和电流间存在相角差 ψ，ψ 的余角 δ 称为介质损耗角，δ 的正切 $\tan\delta$ 称为介质损耗角正切。$\tan\delta$ 值是用来衡量电介质损耗的参数。

良好绝缘的 $\tan\delta$ 不随电压的升高而明显增加。若绝缘内部有缺陷，则其 $\tan\delta$ 将随试验电压的升高而明显增加。图 4-1 表示了几种典型的情况：

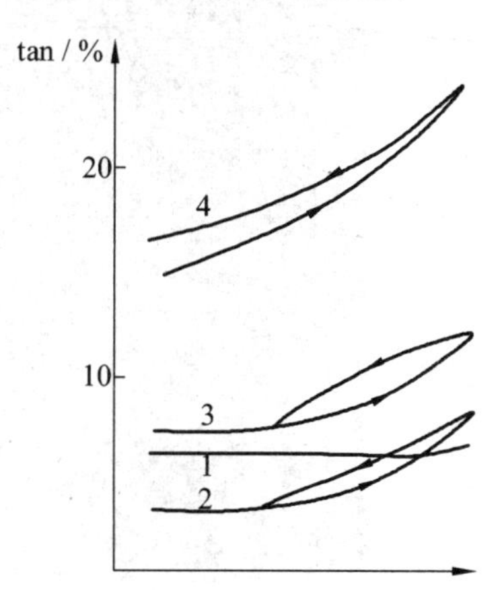

图 4-1　$\tan\delta$ 与电压的关系曲线

1—绝缘良好的情况；2—绝缘老化的情况；3—绝缘中存在气隙的情况；
4—绝缘受潮的情况

曲线 1 是绝缘良好的情况。$\tan\delta$ 几乎不随电压的升高而增加，仅在电压很高时才略有增加。

曲线 2 为绝缘老化时的示例。在气隙起始游离之前，$\tan\delta$ 比良好绝缘的低；过了起始游离点后则迅速升高，而且起始游离电压也比良好绝缘的低。

曲线 3 为绝缘中存在气隙的示例。在试验电压未达到气体起始游离之前，$\tan\delta$ 保持稳定，但电压增高气隙游离后，$\tan\delta$ 急剧增大。当逐步降压后测量时，由于气体放电随时间和电压的增加而增强，故 $\tan\delta$ 高于升压时相同电压下的值，直至气体放电终止，曲线重合，形成闭口环路状。

曲线 4 是绝缘受潮的情况。在较低电压下，$\tan\delta$ 已较大，随电压的升高 $\tan\delta$ 继续增大；在逐步降压时，由于介质损失的增大已使介质发热温度升高，以高于升压时的数值下降，形成开口环状曲线。

从曲线 4 可明显看到，$\tan\delta$ 与湿度的关系很大。介质吸湿后，电导损耗增大，还会出现夹层极化，$\tan\delta$ 将大增。这对于多孔的纤维性材料（如纸等）以及对于极性电介质，效果特别显著。

综上所述，$\tan\delta$ 与介质的温度、湿度、内部气泡、缺陷部分体积大小等有关，通过 $\tan\delta$ 的测量发现的缺陷主要是：设备普遍受潮，绝缘油或固体有机绝缘材料的普遍老化；对小电容量设备，还可发现局部缺陷。必要时可以作出 $\tan\delta$ 与电压的关系曲线，以便分析绝缘层中是否夹杂较多气隙。

对 $\tan\delta$ 值进行判断的基本方法除应与标准规定值比较外，还应与历年值相比较，观察其发展趋势。根据设备的具体情况，有时即使数值仍低于标准，但增长迅速，也应引起充分注意。此外，还可与同类设备比较，看是否有明显差异。在比较时，除 $\tan\delta$ 值外，还应注意 C_x 值的变化情况。如发生明显变化，可配合其他试验方法，如绝缘油的分析、直流泄漏试验或提高测量 $\tan\delta$ 值的试验电压等进行综合判断。

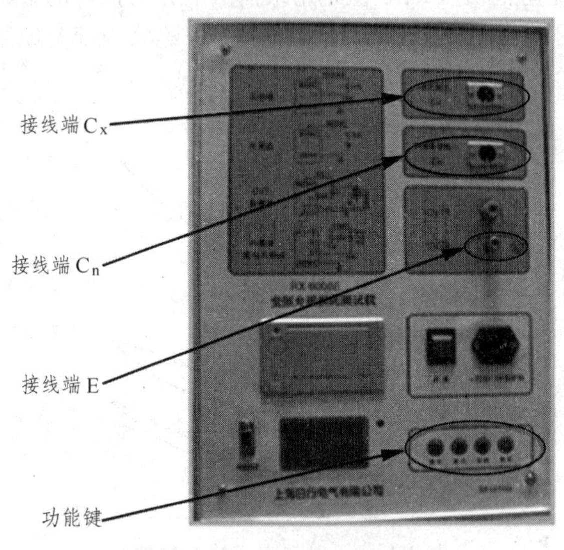

图 4-2　介损仪结构示意图

三、试验要求

用正接法测定电压互感器高压绕组对低压绕组、铁芯和外壳及套管绝缘的介质损耗，根据试验结果，参照 GB50150《电气设备预防性试验规程》，判断试品能否满足运行要求，掌握用介质损耗判断绝缘好坏的方法。

试验电压与电容量如表 4-1 所示。

表 4-1　试验电压与电容量

试验电压	试品电容量
5 kV，7.5 kV，10 kV	3 ~ 40 000 PF
1.5 kV，2.0 kV，3 kV	10 PF ~ 0.35 μF
0.5 kV，0.7 kV，1 kV	30 PF ~ 1.5 μF

“外接升压器”方式最高试验电压 10 kV，“外接 C_n”方式（外接高压、外接标准电容器）最高试验电压由标准电容器和被试品决定（$U_{max}=I_{max}/\omega C$），标准回路最大电流 50 mA（$I_n=U\omega C_n$），被试回路最大电流 2 A（$I_x=U\omega C_x$）。

四、试验原理及接线

1. 原理图与接线对应

介质损耗测量有正接法和反接法两种。其主要区别是，正接线时，被测品要求对地绝缘，反接法时，被测品非测量端接地，所以有些大型被测品，由于工作接地缘故，采用正接线法不方便，只能使用反接法。

1）正接法

正接法测绝缘介质损耗因数的原理图见 4-3，接线图见 4-4。

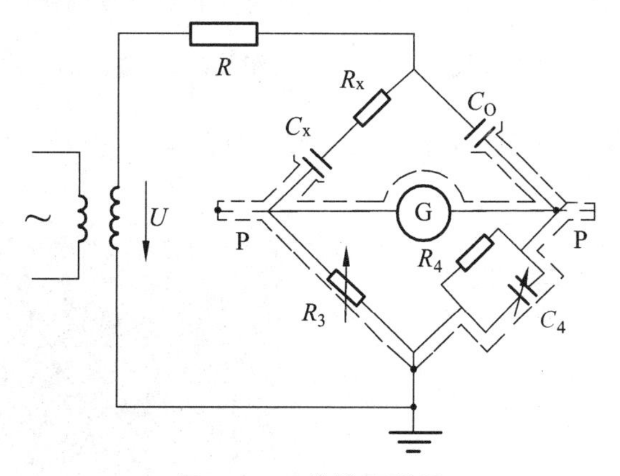

图 4-3　正接法原理图

U—高压输出；C_x、R_x—试品的电容和电阻（串联等值电路）；R_3—可调电阻；G—检流计；R_4—固定电阻；C_0—标准电容（50±1）pF；C_4—可调电容；R—保护电阻；P—屏蔽

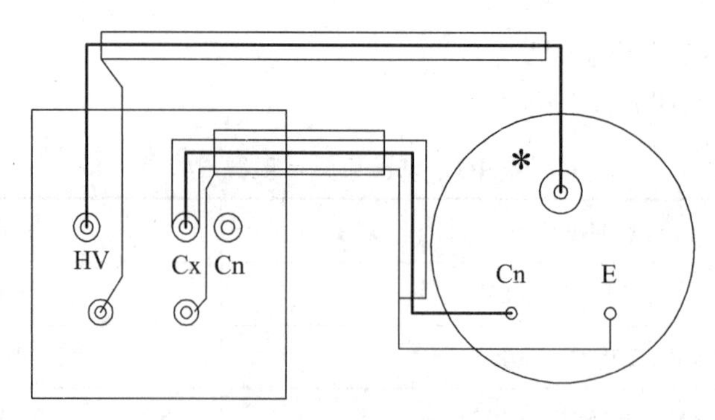

图 4-4　正接法测量电容 Br16 接线图

正接法时，电容 Br16 高压端接介损仪 HV 线（红色线），电容低压端和接地端 E 接 Cx 芯线，被测品电容 Br16 对地绝缘。

正接法有两种，分别是内电压（仪器本身产生高压）和外电压（外部电源产生高压）正接。这两种接线方法一样，区别在操作过程。内电压时，按下“内高压允许”键产生高压，外接升压器方式进行测量时，不得按下“内高压允许”键。反接法也是一样。

内电压正接法（内电压），被测器电容，一端接介损仪的 HV 端，另一端接 CX，接线图见图 4-5，参数设置见图 4-6。

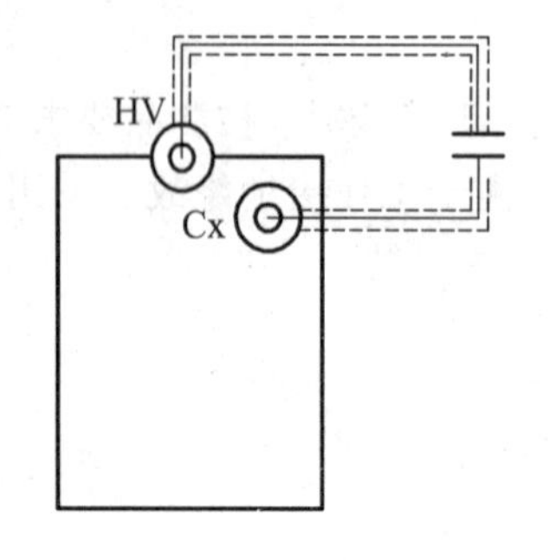

图 4-5　内电压的正接法接线

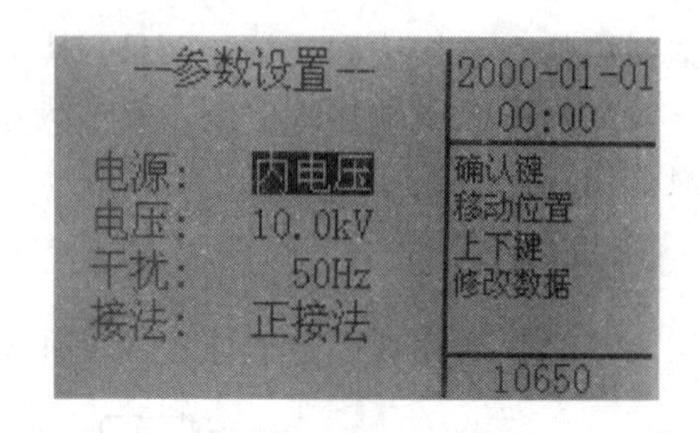

图 4-6　内电压的正接法参数设置

外电压正接法使用外部电源产生高压，接线图见图 4-7，参数设置见图 4-8。

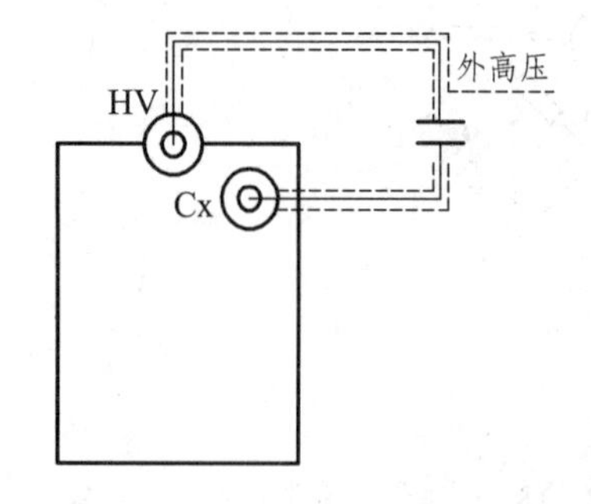

图 4-7　外电压的正接法接线

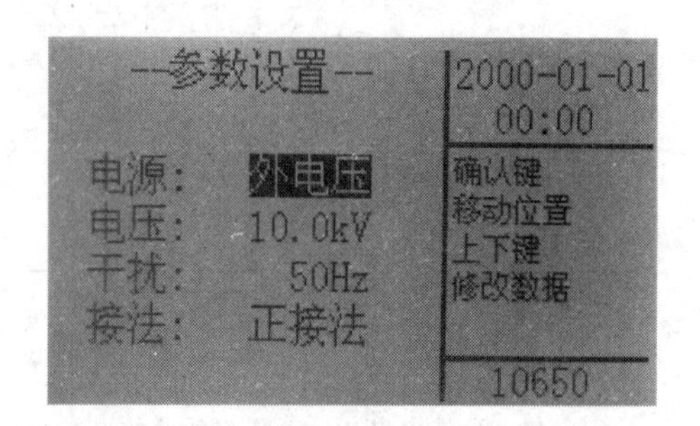

图 4-8　外电压的正接法参数设置

2）反接法

反接法测量绝缘介质损耗因数的原理图如图 4-9 所示。

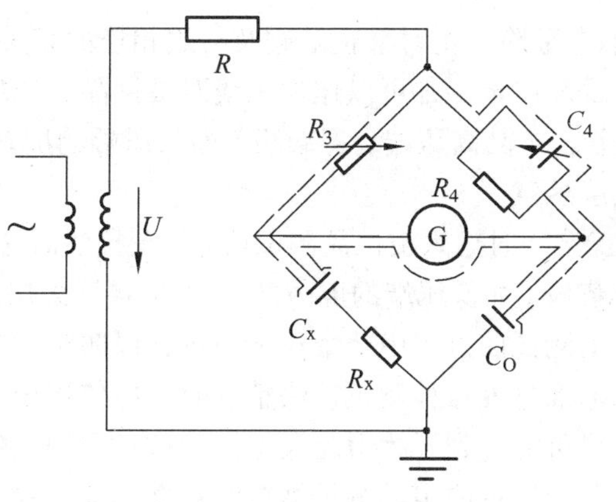

图 4-9　反接法原理图

反接法时，介损仪 HV 线端接地，低压端接 HVx 芯线（红端），“E”接 HVx 的屏蔽线（黑端）。

反接法有两种，分别是内电压反接法和外电压反接法。内电压反接法使用仪器内部电源高压，接线图见图 4-10，参数设置见图 4-11。

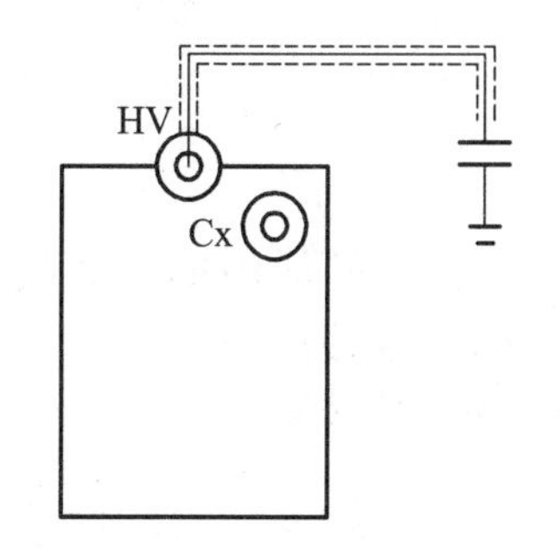

图 4-10　内电压的反接法接线

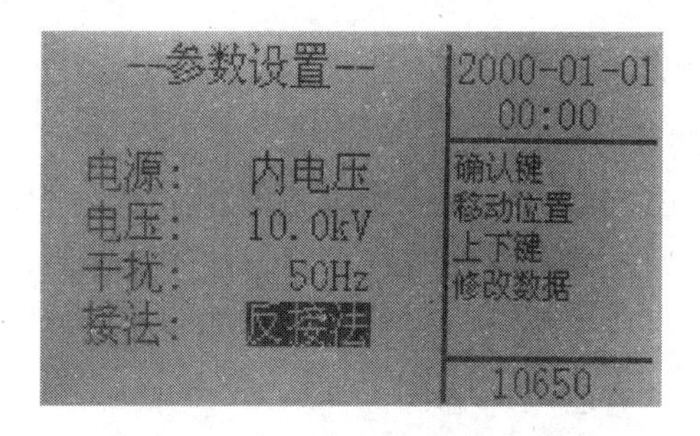

图 4-11　内电压的反接法参数设置

外电压反接法使用外部电源产生高压，接线图见图 4-12，参数设置见图 4-13。

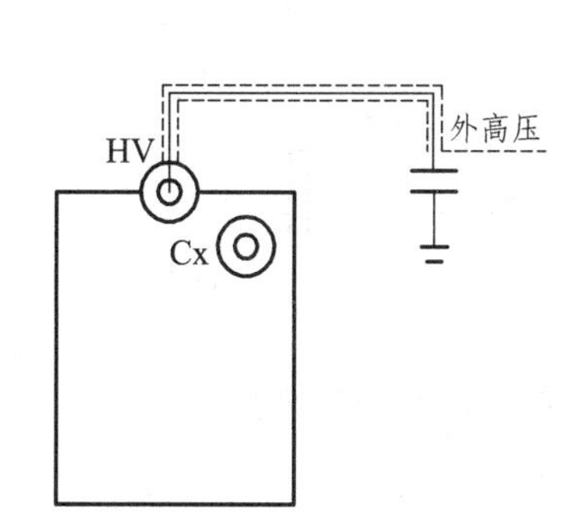

图 4-12　外电压的反接法接线

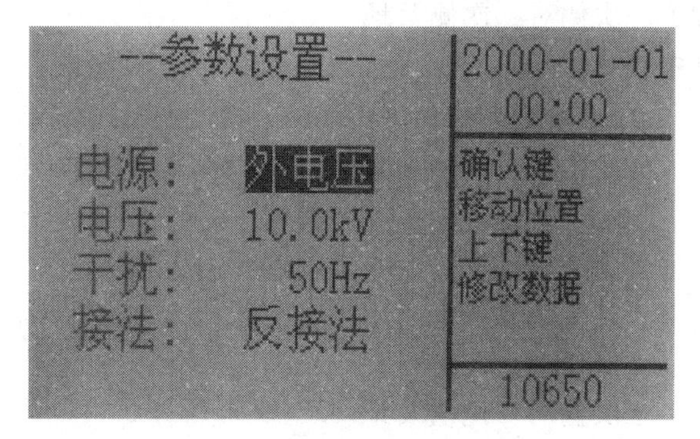

图 4-13　外电压的反接法参数设置

2. 设备使用说明

接线方法，具体请参阅相关规程，不同厂家接线不同。

HVx 线（红色）是内部标准电容器的高压端，仪器变频输出高压。注意在启动测试的过程中 HVx 线带有高压有触电危险，绝对禁止触碰及与之相连的相关设备。

接线时，正接法时芯线和屏蔽层都可以作加压线对被试品高压端加压；反接法时只能用芯线对被试品高压端加压。若试品高压端有屏蔽极（如高压端的屏蔽环），则可将屏蔽层接于屏蔽极，无屏蔽极时屏蔽层悬空。

Cx 线（蓝色）功能：正接法时输入被试品测试信号。正接法时芯线接被试品低压信号端，若被试品低压信号端有屏蔽极（如低压端的屏蔽环），则可将屏蔽层接于屏蔽极，无屏蔽极时屏蔽层悬空。注意：在启动测试的过程中严禁拔下插头，以防被试品电流经人体造成人身安全事故。用标准介损器或标准电容器检测正接法精度时，应使用全屏蔽插头连接介损器或标准电容器，否则暴露的芯线可能受到干扰引起误差。测试过程中应保证插座中心测试芯线与被试品低压端零电阻连接，否则可能引起测量结果的数据波动。强干扰下拆除接线时，应在保持电缆接地状态下断开连接，以防感应电击。

3. 设备测量要求

1）高压穿墙套管

测量内容：芯棒对末屏及地的介损值。

2）电力变压器

测量内容：

（1）一次绕组对二次绕组的介损值（中性点均未接地），要求：电压为 10 kV，正接法。

（2）一次绕组对二次绕组及地的介损值，要求：电压为 10 kV，反接法。

（3）二次绕组对一次绕组及地的介损值，要求：电压为 10 kV，反接法。

3）电压互感器

（1）一次侧对二次侧。

其中接线图见图 4-14，采用电压为 2 kV，正接法。

（2）一次侧对二次侧及地。

其中接线见图 4-15，采用电压为 2 kV，反接法。

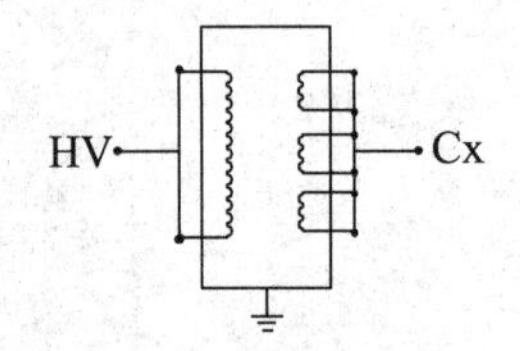

图 4-14　PT 一次侧对二次侧接法

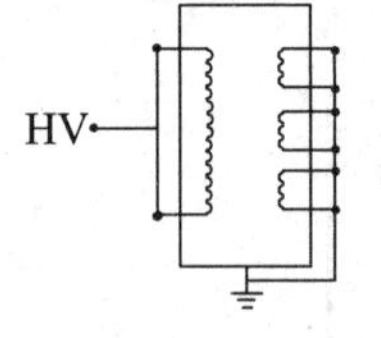

图 4-15　PT 一次侧对二次侧及地接法

（3）二次侧对一侧次及地。

其中接线见图 4-16，电压为 2 kV，反接法。

（4）末端屏蔽法。

其中接线见图 4-17，采用电压为 10 kV，正接法。

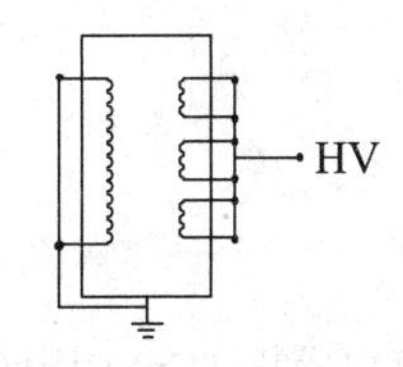

图 4-16　PT 二次侧对一侧次及地接法

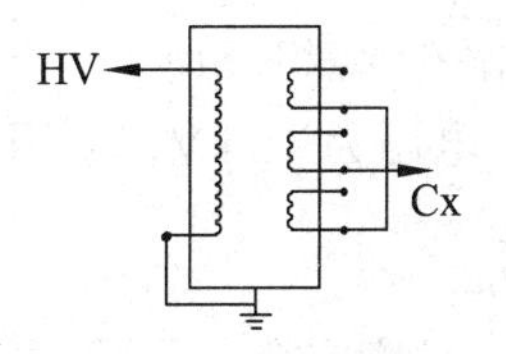

图 4-17　PT 末端屏蔽法

4）电流互感器

（1）一次侧对二次侧

其中接线见图 4-18，采用电压为 10 kV，正接法。

（2）一次侧对末屏（常用）。

其中接线参考图 4-19，采用电压为 10 kV，反接法。

（3）一次侧对二次侧及地。

其中接线见图 4-19，采用电压为 10 kV，反接法。

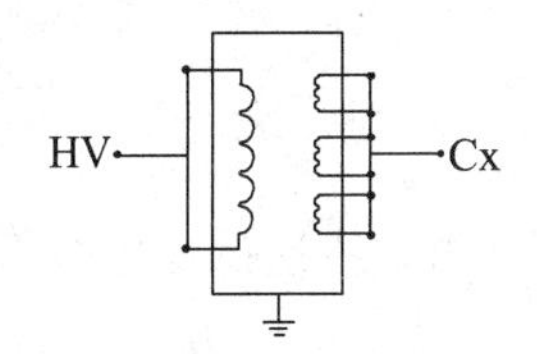

图 4-18　CT 一次侧对二次侧接法

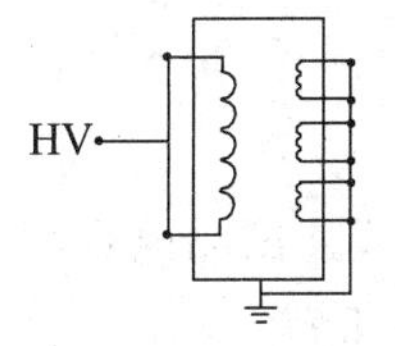

图 4-19　CT 一次侧对二次侧及地接法

5）高压穿墙套管

（1）芯棒对末屏（常用接线）。

解开末屏接地，接线见图 4-20，电压为 10 kV，正接法。

（2）芯棒对末屏及地。

其中接线见图 4-21，电压为 10 kV，反接法。

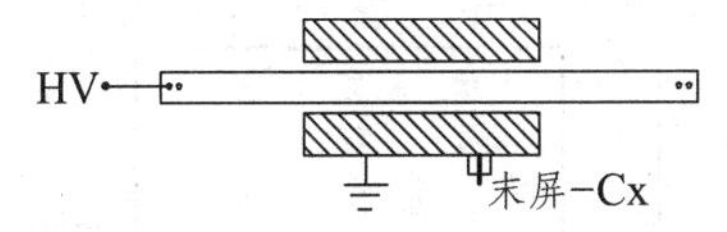

图 4-20　套管芯棒对末屏接法

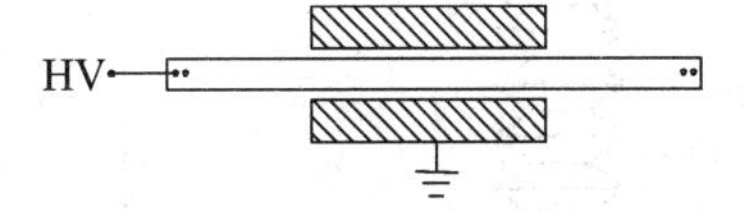

图 4-21　套管芯棒对末屏及地接法

6）电力变压器

（1）一次绕组对二次绕组。

接线见图 4-22，电压为 10 kV，采用正接法。

（2）一次绕组对二次绕组及地。

接线见图 4-23，电压为 10 kV。采用反接法 。

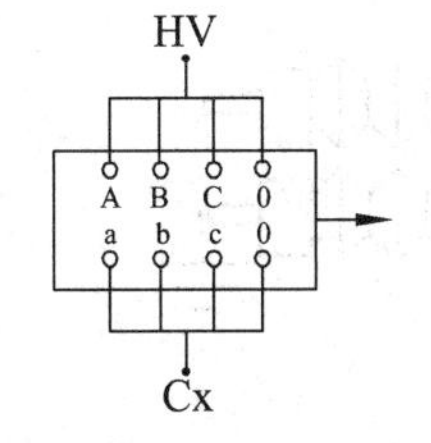

图 4-22　变压器一次绕组对二次绕组接法

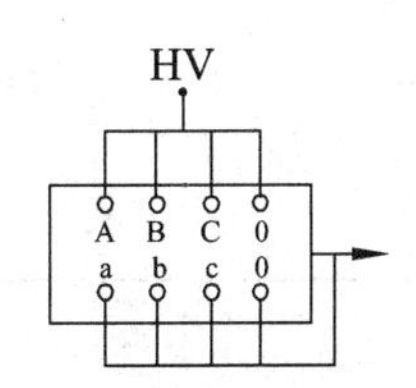

图 4-23　变压器一次绕组对二次绕组及地接法

（3）二次绕组对一次绕组及地。

接线见图 4-24，电压为 10 kV，采用反接法。

7）绝缘油介损

此时杯体为高压，注意安全，采用正接法。HV 用红色高压线，Cx 用黑色测试线，屏蔽层接油杯地，电压采用 2 kV，其中 C 高压端接 HV，A 测试端接 Cx，B 屏蔽端接地，如图 4-25 所示。

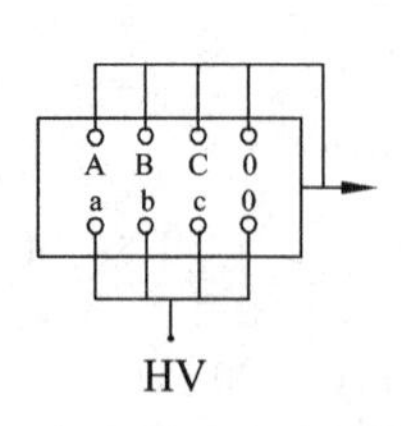

图 4-24　变压器二次绕组对一次绕组及地接法

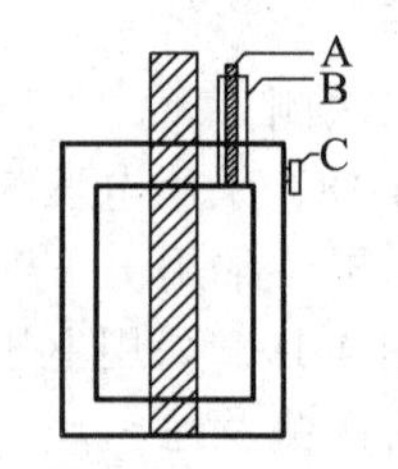

图 4-25　变压器接法

8）标准电容器，标准介损器

（1）正接法。

HV 用红色高压线连试品电容高压端，Cx 用黑色测试线连试品电容低压端，黑色测试线的屏蔽层连试品电容 E 端。

（2）反接法。

试品电容高压端接地，HV 用红色高压线连接试品电容低压端，红色高压线的屏蔽层连接试品电容 E 端，Cx 悬空，桶体已为高压，注意绝缘。

图 4-26 正接法测量变压器电容型套管介损接线图，图 4-27 反接法测量变压器高中压侧绕组接线，图 4-28 反接法测量变压器测量低压侧绕组接线图。

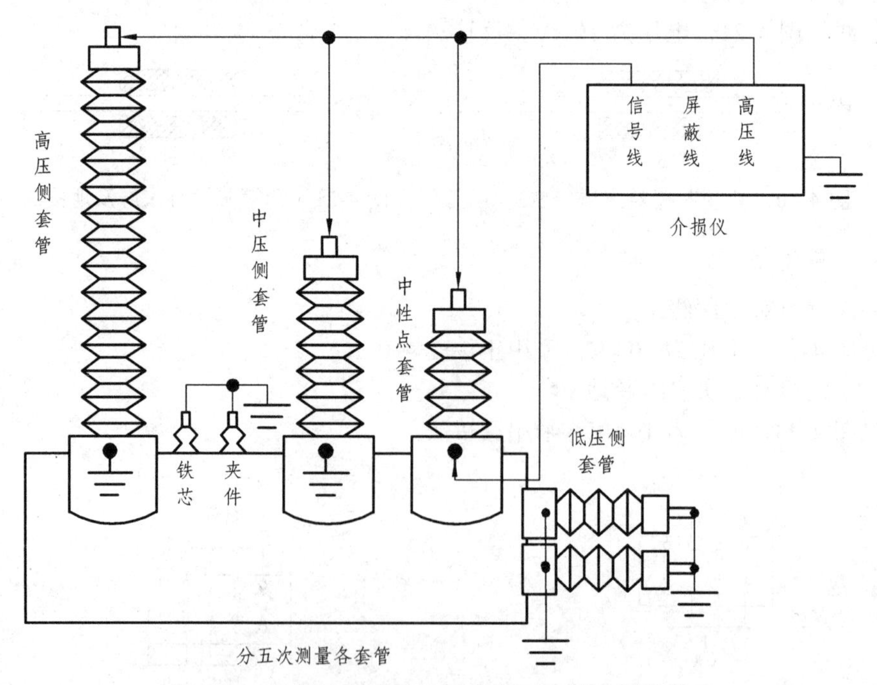

图 4-26　正接法测量变压器电容型套管介损接线图

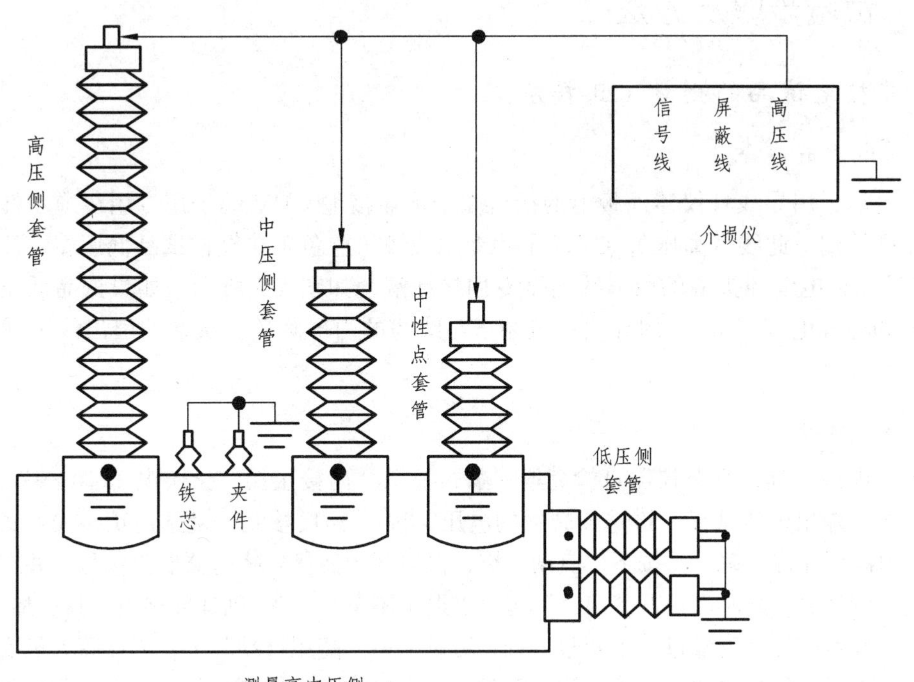

图 4-27　反接法测量变压器高中压侧绕组接线图

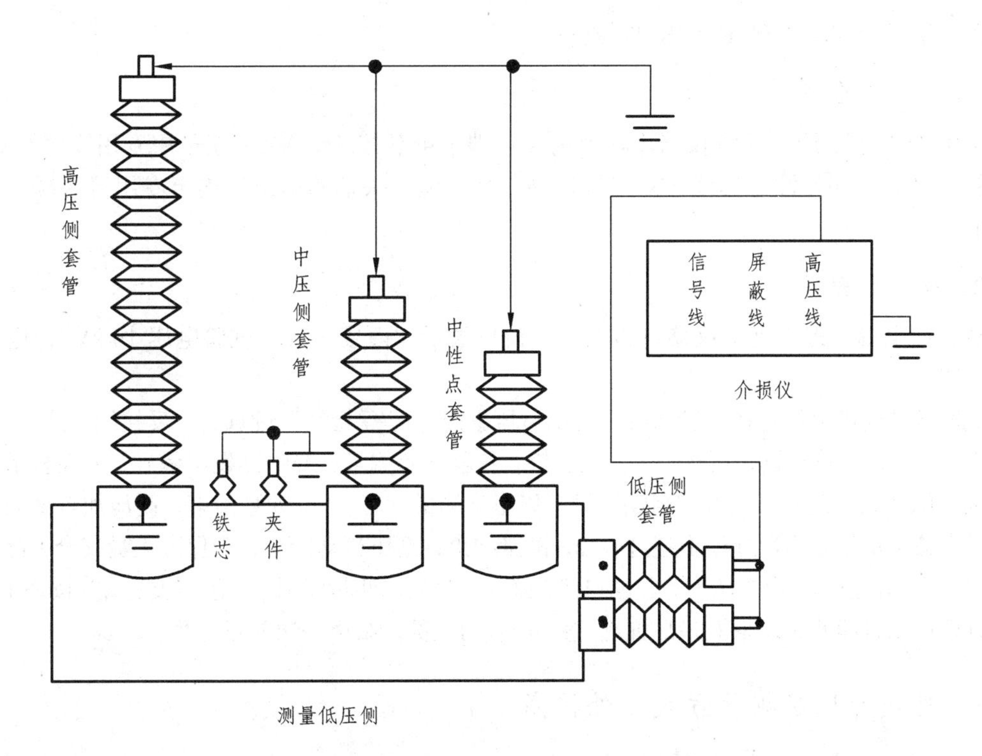

图 4-28　反接法测量变压器测量低压侧绕组接线图

五、试验步骤及方法

1. 非接地试品的测量（正接法）

1）通电前的准备

关上电源，用导线将仪器面板上的接地端子可靠接地。HV 端子用专用线缆（红色）接至被试品高压端（此线带高压），Cx 端子用专用线缆（蓝色）接至被试品低压端，注意芯线 Cx 接被试品，电缆插头端的引出线连至专用接地端，如图 4-3 所示。如果试品低压端有屏蔽端子（如标准电容器），可用导线将该端子与线缆的内屏蔽（夹头端的引出线）“E”连接后接地。

2）操作步骤

按下“电源”键，直至仪器自检完毕，窗口显示“内接正接，试验电压 10 kV”。

此时按“输出电压选择”键选择合适的电压，按“正/反接线”键选定正接线方式；然后先按下“内高压允许”键，再按下“启动”键；仪器开始测量，蜂鸣器发出信号，并在显示窗口从 5 到 1 倒计数（此时可松开“启动”键，以退出测量状态）。倒计数结束，高压加至试品，蜂鸣器发出警示信号，测量过程不超过 60 s，测量结束，高压自动降下；为保障人员安全，此时必须按窗口提示信息将“内高压允许”键弹起，窗口才会显示测量结果。如果需要打印，按一下“打印”键就可以打印测量结果。最后弹起“停止/启动”键，结束一次测量过程。

2. 接地试品的测量（反接法）

1）通电前准备

关上“电源”，用导线将仪器面板上的接地端子可靠接地。将 Cx 端子用专用线缆（蓝线）接至被试品高压端，注意芯线 Cx 接被试品，将电缆插头端的引出线连至专用接地端，如图 4-4 所示。

2）操作步骤

按下“电源”键，直至仪器自检完毕在窗口显示“内接正接，试验电压 10 kV”，这表示自检正确。

此时按“输出电压选择”键选择适合的电压，按“正/反接线”键选定“反接线方式”；然后先按下“内高压允许”键，再按下“启动”键；仪器开始测量，蜂鸣器发出信号，并在显示窗口从 5 到 1 倒计数（此时可松开“启动”键，以退出测量状态）。倒计数结束，高压加至试品，蜂鸣器发出警示信号，测量过程不超过 60 s，测量结束，高压自动降下；为保障人员安全，此时必须按窗口提示信息将“内高压允许”键弹起，窗口才会显示测量结果。如果需要打印，按一下“打印”键就可以打印测量结果。最后弹起“停止/启动”键，结束一次测量过程。

3. 外接升压器测量方式（外接高压）

1）通电前准备

当被试品电容量较大而要求升压变压器输出电流大于仪器内部变压器输出能力时，仪器可以外接高电压进行测量，即不使用仪器内部的升压变压器，而另外外接一台升压装置产生高电压进行测量。注意用“外接升压器”方式进行测量时，不得按下“内高压允许”键。“外接升压器”方式仍使用仪器内附标准电容器，最高工作电压为 10 kV。

2）操作步骤

用导线将仪器面板上的接线端子可靠接地。将电缆插头端的引出线连至专用接地端;按下“电源”键接通电源，按“工作方式选择”键选择“外接升压器”方式，按“正/反接线”键确定接线方式。“内高压允许”键弹起；用外接升压器装置施加需要的试验电压，仪器会显示出电压值。

按下“启动”键开始测量，此后按窗口提升操作可方便地完成测量，测量结束，窗口直接显示测量结果。

4. 外接 Cn 测量方式（外接高压、外接标准电容器，可测量高压接损）

1）通电前的准备

当试验电压和标准电容器均为外接时，可选择“外接 Cn”测量方式。测量前用专用线缆（黑色）从仪器的“Cn”端子（芯与屏蔽）连至标准电容器的接线端，“Cx”端子与被试品相连，将电缆插头端的引出线连至专用接地端，用导线将仪器面板上的接线端子可靠接地。最高试验电压取决于外接标准电容器和被试品的耐压值及仪器的测量范围。如使用专用标准电容器，可以对试品进行带电测量。

2）操作步骤

按下“电源”键接通电源，待仪器自检完毕按“工作方式选择”键选择“外接 Cn”测量方式。弹起“内高压允许”键，施加试验电压至需要值，按下“启动”键开始测量，此后可按显示窗口提示方便地完成测量。测量结束，窗口显示测量结果。

“外接 Cn”方式的测量结果：

① 介质损耗：测量结果 = $\tan\delta$ 读数+标准电容器的 $\tan\delta_n$。

② 电容量：测量结果=显示值 × Cn（外接标准电容器电容量）。E*表示乘 10 的*次方。

5.“内接”和“抗干扰内接”两种测量方式的选择

建议首选“内接”方式进行测量。当重复两次测量的 $\tan\delta$ 读数相差 0.1% 以上时，说明现场的干扰较大，此时应选择“抗干扰内接”方式进行测量。

六、数据处理与分析

当绝缘中残存有较多水分与杂质时，$\tan\delta$ 随温度升高明显增加。例如两台 220 kV 电流互感器通入 50% 额定电流，加温 9 h，测量通入电流前后 $\tan\delta$ 的变化，一台 $\tan\delta$ 保持和初始值 0.53% 一样无变化，另一台 $\tan\delta$ 由初始值为 0.8% 上升为 1.1%。实际上初始值为 0.8% 的已属非良好绝缘，故 tg δ 随温度上升而增加。说明当常温下测得的 $\tan\delta$ 较大，在高温下 $\tan\delta$

又明显增加时，则应认为绝缘存在缺陷。

将测量结果与表 4-2 变压器、互感器 tanδ 试验规程及表 4-3 套管介质损耗角正切值 tanδ 的标准比较，判断绝缘是否良好，能否满足运行要求，tanδ 基本测量误差可参考表 4-4。

表 4-2　变压器、互感器 tanδ 试验规程

<table>
<tr><th rowspan="2">试品</th><th rowspan="2" colspan="2">高压绕组电压等级</th><th colspan="8">温度/°C</th><th rowspan="2">注</th></tr>
<tr><th>5</th><th>10</th><th>20</th><th>30</th><th>40</th><th>50</th><th>60</th><th>70</th></tr>
<tr><td rowspan="2">电力变压器</td><td colspan="2">35 kV 以上</td><td></td><td>1</td><td>1.5</td><td>2</td><td>3</td><td>4</td><td>6</td><td>8</td><td rowspan="2">必要时 tanδ值（%）与历年数值比较不应有显著变化</td></tr>
<tr><td colspan="2">35 kV 以下</td><td></td><td>1.5</td><td>2</td><td>3</td><td>4</td><td>6</td><td>8</td><td>11</td></tr>
<tr><td rowspan="4">电压互感器</td><td rowspan="2">35 kV 以上</td><td>大修后</td><td>1.5</td><td>2.0</td><td>2.5</td><td>4.0</td><td>6.0</td><td></td><td></td><td></td><td rowspan="4"></td></tr>
<tr><td>运行中</td><td>2.0</td><td>2.5</td><td>3.5</td><td>5.0</td><td>8.0</td><td></td><td></td><td></td></tr>
<tr><td rowspan="2">35 kV 以下</td><td>大修后</td><td>2.0</td><td>2.5</td><td>3.5</td><td>5.5</td><td>8.0</td><td></td><td></td><td></td></tr>
<tr><td>运行中</td><td>2.5</td><td>3.5</td><td>5.0</td><td>7.5</td><td>10.5</td><td></td><td></td><td></td></tr>
</table>

表 4-3　套管介质损耗角正切值 tanδ（%）的标准

<table>
<tr><th rowspan="2" colspan="2">套管型式</th><th colspan="3">额定电压/kV</th></tr>
<tr><th>63 kV 及以下</th><th>110 kV 及以上</th><th>220～500 kV</th></tr>
<tr><td rowspan="4">电容式</td><td>油浸纸</td><td></td><td></td><td>0.7</td></tr>
<tr><td>胶粘纸</td><td>1.5</td><td>1.0</td><td></td></tr>
<tr><td>浇铸绝缘</td><td></td><td></td><td>1.0</td></tr>
<tr><td>气体</td><td></td><td></td><td>1.0</td></tr>
<tr><td>非电容式</td><td>浇铸绝缘</td><td></td><td></td><td>2.0</td></tr>
</table>

注：电容型套管的实测电容量值与产品铭牌数值或出厂试验值相比，其差值应在±10%范围内。整体组装于 35 kV 油断路器上的套管，可不单独进行 tanδ 的试验。

表 4-4　tanδ 基本测量误差

<table>
<tr><th>测量内容</th><th>tanδ 范围</th><th>电容量范围（C_x）</th><th>试品类型</th><th>基本误差</th></tr>
<tr><td rowspan="5">介质损耗因数 tanδ</td><td rowspan="7">0～0.5</td><td rowspan="2">50～60 000 pF</td><td>非接地</td><td>±（1%读数+0.0005）</td></tr>
<tr><td>接地</td><td>±（1%读数+0.0010）</td></tr>
<tr><td rowspan="2">10～50 pF 或 60 000 pF 以上</td><td>非接地</td><td>±（1%读数+0.0010）</td></tr>
<tr><td>接地</td><td rowspan="2">±（2%读数+0.0020）</td></tr>
<tr><td>3～10 pF</td><td rowspan="3">非接地与接地</td></tr>
<tr><td rowspan="2">电容量</td><td>50 pF 以上</td><td>±（1% 读数+1 pF）</td></tr>
<tr><td>50 pF 以下</td><td>±（1% 读数+2 pF）</td></tr>
</table>

七、注意事项

（1）使用前必须将仪器的接地端子可靠接地，所有人员必须远离高压才能开始测量。

（2）只有当仪器的“内高压允许”键未按下时，接触仪器的后面板和测量线缆与被试品才是安全的。当仪器的“内高压允许”键按下时，蜂鸣器将鸣叫示警。

（3）仪器正在测量时，严禁操作除“启动”键外的所有按键，但可用“启动”键退出测量状态。

（4）测量非接地试品（正接法）时，HV 端对地为高电压，测量接地试品（反接法）时，Cx 端对地为高电压，随仪器配备的红色、蓝色电缆为高压带屏蔽电缆，使用时可沿地面敷设，但必须将电缆的外屏蔽接至专用接地端。

（5）不得自行更换不符合面板指示值的保险丝管，以防内部变压器烧坏。应保持仪器后面板的清洁，不要用手触摸。如后面板有污痕，请用干布擦拭干净以保证良好的绝缘。

（6）正接法测量时，特别注意标准电容器高压电极、试品高压端和升压变压器高压电极都带危险电压。各端之间连线都要架空，试验人员远离。在接近测量系统、接线、拆线和对测量单元电源充电前，应确保所有测量电源已被切断。同时须注意低压电源的安全。

（7）使用反接线时，标准电容器外壳带高压电，要注意使其外壳对地绝缘，并且与接地线保持一定的距离。

（8）使用反接线时还要特别注意，电桥处于高电位，因此检查电桥工作接地良好，试验过程中也不要将手伸到电桥背后。

（9）测量介质损失角的试验电压，一般不应高于被试品的额定电压，至多应不高于被试品额定电压的 110%。

（10）所测得介质损失角 $\tan\delta$% 值，应小于 1%，若测得的 $\tan\delta$% 值不合格，则检查原因，对各部件进行测试。

八、思考题

（1）影响电桥测量准确度的几个因素。

（2）测量介质损耗因数能发现绝缘哪些缺陷？

（3）分析测量过程中温度、试验电压、屏蔽对于介质损耗因数的影响。

（4）内接和外接，正接和反接，应如何选择？

（5）测量时如何消除试品表面泄漏电流影响？

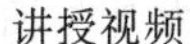

讲授视频　　实操视频

绝缘介质损耗测量试验

试验五　工频耐压试验

一、试验目的

（1）了解工频高压试验对绝缘的强度的考验及其重要性。
（2）了解工频交流耐压试验的接线和注意事项。
（3）掌握保护球隙放电间隙的确定方法。

二、试验原理

工频交流耐压试验是检验电气设备绝缘耐受工频电压作用能力的试验，交流耐压测试仪又叫电气绝缘强度试验仪。对 220 kV 及以下电气设备也用它来检验绝缘耐受操作过电压，暂时过电压的能力。电器在长期工作中，不仅要承受额定工作电压的作用，还要承受操作过程中引起短时间的高于额定工作电压的过电压作用（过电压值可能是额定工作电压值的好几倍）。在这些电压的作用下，电气绝缘材料的内部结构将发生变化。当过电压强度达到某一定值时，就会使材料的绝缘层击穿，电器将不能正常运行，操作者就可能触电，危及人身安全。耐压测试时是将一个高于正常工作的电压加在产品上测试，这个电压必须持续一段规定的时间。如果一个零组件在规定的时间内，其泄漏电电流亦保持在规定的范围内，就可以确定这个零组件在正常的条件下运转，应该是非常安全。

试验时，按规定将被试品接入试验回路，逐步升高电压至额定工频耐受电压值，保持 1 min，然后迅速、均匀地降压到零。在规定的时间内，被试品绝缘未发生击穿或表面闪络，则认为通过了该项试验。工频交流耐压试验所施电压高出电气设备额定工作电压，通过这一试验可以发现很多绝缘缺陷，尤其是局部缺陷，其缺点是可能在耐压试验时给绝缘带来一定损伤，所以应在绝缘电阻、介质损耗因数等项目试验合格后，才可进行工频交流耐压试验。

工频高电压的产生主要依靠试验变压器，试验变压器的工作原理和电力变压器相同，都是经过电磁耦合将较低电压升至所需高电压，试验变压器电压较高，容量相对较小，工作时间短，绝缘安全裕度较小，对输出波形畸变率及局部放电有严格要求，试验变压器通常由调压器供电，以输出可调节的工频高电压。在进行试验之前，应根据被试品的电容量及试验电压，估算所需试验变压器的容量。由于体积和重量的限制，单台试验变压器额定电压不宜太高，为获得更高电压，可将几台变压器串联，构成串级式试验变压器。

三、试验内容及要求

1. 试验接线

试验装置及接线图如 5-1 所示。

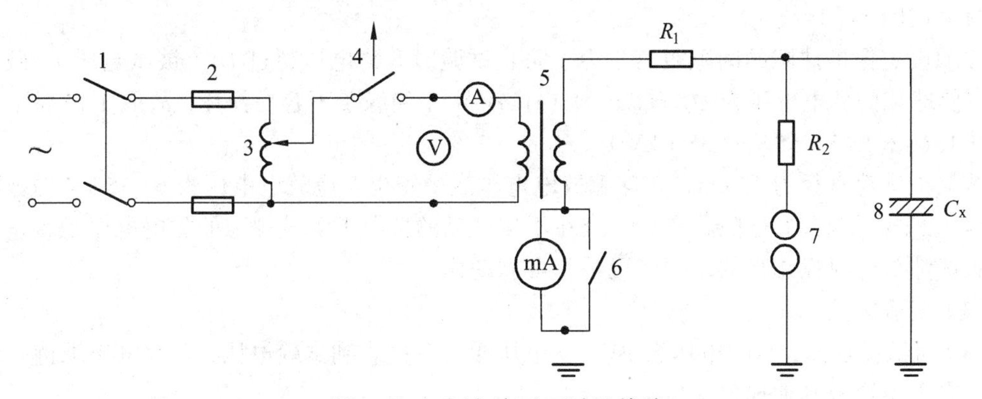

图 5-1　工频交流耐压试验接线

1—刀闸；2—熔丝；3—调压器；4—电磁开关；5—试验变压器；6—短路刀闸；7—保护球隙；8—被试品；R_1—保护电阻；R_2—球隙保护电阻

四、试验步骤及方法

1. 试验项目

XP--70 型普通悬式绝缘子交流耐压试验。

2. 试验标准

2.试验标准：根据 GB50150-2016《电气设备交接试验标准》规定：XP、LXP 型悬式绝缘子的交流耐压试验电压标准如表 5-1 所示，因此试验电压：55 kV；耐压时间：1 min。

表 5-1　悬式绝缘子的交流耐压试验电压标准

型 号	XP2—270	XP--70 XPl160 LXPl--70 LXPl--160 XPI--70 XP2--160 XP--100 LXP2--160 LXP---100XP--160 XP---120 LXtX--160 LXP--120	XPl--210 LXPl--210 XP--300 LXP--300
试验电压/kV	45	55	60

3. 试验步骤

耐压试验有 2 个步骤。首先不接入试品，调节保护球隙间距，调整好保护电压（试验电压 1.1 倍）后，放电接地。然后接入试品，对试品加压，使电压缓缓升高至试验电压，在此电压维持 1 min，并观察有无击穿或其他现象发生。1 min 后，降压至零，切断电源。

（1）按图 5-1 接线。

（2）设定保护球隙的间隙距离。为了防止试验时升高电压超过 U_1（被试电压），破坏试品，应使球隙的放电电压为 $U_2 = (1.1 \sim 1.15)U_1$。由于绝缘子不容易损坏，故取 1.15 倍。所以 $U_2 = 1.15U_1 = 1.15 \times 55 = 63.35$（kV）。

若保护球隙直径为 15 cm，在球隙放电电压表中查出对应放电电压为 63.35 kV 的球隙距离约为 2.2 cm。调节好球隙距离后，应在不接试品的情况下测试球隙的放电电压是否正确，并检查球隙放电时操作台的保护装置是否可靠动作。

（3）接入试品。

（4）对试品加压，目视电压表 PV，使电压缓缓升高直到试验电压，在此电压维持 1 min，并观察有无击穿或其他现象发生。

（5）1 min 后，降压至零，切断电源。

4. 检验标准

对电缆进行交流耐压试验中，试验过程无闪络、放电等异常情况，则试验通过。电缆交流耐压试验电压和时间如下表 5-2 所示。

表 5-2　电缆交流耐压试验标准

额定电压 U_0/U（kV）	试验电压	时间（min）
18/30 及以下	$2.5U_0$（或 $2U_0$）	5（或 60）
21/35 ~ 64/110	$2U_0$	60
127/220	$1.7U_0$（或 $1.4U_0$）	60
190/330	$1.7U_0$（或 $1.3U_0$）	60
290/500	$1.7U_0$（或 $1.1U_0$）	60

五、数据处理与分析

被试品在交流耐压试验持续时间内，一般以不发生击穿为合格，反之则为不合格。按以下情况进行分析。

1）表针的指示

一般情况下，若电流表指数突然大幅上升，则表明被试品已经击穿。但当被试品电容量较大或试验变压器容量不够时，被试品虽然已击穿，电流表指示却无明显的变化或者反而下降，这是由于被试品容抗 X_C 补偿了试验变压器的漏感抗 X_L，一旦被试品击穿，X_C 被短接反而使回路总阻抗增大，于是电流下降。此时，应以接在高压侧测量试验电压的电压表的指示来判断，被试品击穿时，电压表指示会突然明显下降。低压侧电压表的指示也会有所下降。

2）电磁开关的动作情况

如果接在试验回路中的过流继电器的整定值适当，在被试品击穿时，由于电流过大，过流继电器应动作，使电磁开关跳闸。过流继电器的动作电流，一般应整定为试验变压器额定电流的 1.3 ~ 1.5 倍。若整定值过小，可能在升压过程中，因被试电容电流过大，而使电磁开关跳闸；若整定值过大，即使被试品放电或小电流击穿，电磁开关也不会跳闸。所以对电磁开关的动作应进行具体分析。

3）被试品的状况

在试验过程中，被试品发生声响、冒烟、焦糊味、燃烧等，都是非正常现象，应该查明原因。如果这些现象确实是被试品绝缘部分出现的，则表明被试品存在问题或已被击穿。

4）发热状况

被试品为有机绝缘材料时，试验结束后，应断电接地后，触摸试品，若出现普遍或局部发热严重，则表明绝缘不良（或受潮），应该进行去潮处理（如烘烤），再进行试验。

5）数据差异大状况

对于组合绝缘或有机绝缘的被试品，如果工频耐压试验后的绝缘电阻比试验前的明显下降，则认为不合格。

对于纯瓷绝缘或表面以瓷绝缘为主的被试品，在试验过程中，若由于空气中的湿度、温度或表面脏污等的影响，引起被试品沿面闪络或空气发电，则不应轻易地认为不合格。须经清洁、干燥处理后，再进行试验。若排除外界的影响因素之后，在试验中仍然发生沿面闪络或局部红火，说明的确是瓷件表面釉层绝缘损伤或老化，则认为不合格。

六、注意事项

（1）升压应缓慢进行（升到全压所需时间不少于 30 s），一般考虑以试验电压 1 / 3 值到满值，历时 15 s 为宜。

（2）加压中间如发现表针猛动或其他异常现象时，应立即降压，并切断电源，查明原因，消除故障。

（3）充油变压器，电压互感器等应在注油静止 20 h 后进行耐压试验；3 ~ 10 kV 的变压器静置 5 ~ 6 h。

（4）耐压试验时绝缘击穿的判断。

试验过程留意以下情况：击穿时电流表指示突然增大，试品上有火花、声响或烟气发生，这些都表明绝缘已击穿。

（5）在耐压试验中，加于被试物上的高压必须有准确的度量，对于电容量较小的被试物，电容电流小，此时也可以由低压侧电压表读数按变比推算出高压侧电压。但对于电容量较大的被试物，或试验电压较高（50 kV 以上），容升现象严重，此时不能再用变比换算来求得高压，而要在高压侧直接测量或用其他方法（采用球间隙或示波器，重新确定高压与低压侧表计读数的关系后在低压侧测量等）。

（6）对于大型发电机、变压器，电容量较大，相应试验变压器的容量也要求较大。试验变压器的容量计算方法为

$$S = I_c U_{试} = \omega C_X U_{试}^2$$

式中　$U_{试}$——试验电压；

C_X——试品的电容量。

（7）本试验为短时耐压试验，如果要检查试品在长期工作电压下有无缺陷，则要做长时耐压试验。

七、交流耐压与直流耐压的区别

1. 直流耐压试验

（1）直流耐压试验电压较高，对发现绝缘某些局部缺陷具有特殊的作用，可与泄漏电流试验同时进行。

（2）直流耐压试验与交流耐压试验相比，具有试验设备轻便、对绝缘损伤小和易于发现设备的局部缺陷等优点。与交流耐压试验相比，直流耐压试验的主要缺点是由于交、直流下绝缘内部的电场分布不同，直流耐压试验对绝缘的考验不如交流更接近实际。交直流耐压试验仪器如图 5-2 所示。

图 5-2　交直流耐压试验仪器

2. 交流耐压试验

（1）交流耐压试验对绝缘的考验非常严格，能有效地发现较危险的集中性缺陷。它是鉴定电气设备绝缘强度最直接的方法，对于判断电气设备能否投入运行具有决定性的意义，也是保证设备绝缘水平、避免发生绝缘事故的重要手段。

（2）交流耐压试验有时可能使绝缘中的一些缺陷加剧，因此在试验前必须对试品先进行绝缘电阻、吸收比、泄漏电流和介质损耗等项目的试验，若试验结果合格方能进行交流耐压试验。否则，应及时处理，待各项指标合格后再进行交流耐压试验，以免造成不应有的绝缘损伤。交流耐压测试仪器如图 5-3 所示。

图 5-3　断路器交流耐压测试现场

八、思考题

（1）进行 1 min 耐压试验后，判断试品的绝缘水平。
（2）球隙间距离与放电电压是如何计算的。
（3）在耐压试验前，应先对设备做哪些试验？
（4）耐压试验前，为何要先进行球间隙放电试验？

讲授视频

实操视频

工频耐压试验

试验六　变压器变比组别测试

一、试验目的

电压比一般按线电压计算，它是变压器的一个重要的性能指标，测量变压器变比的目的如下：

（1）检查变比是否与铭牌值相符，保证绕组各个分接的电压比在技术允许的范围之内，以保证达到要求的电压变换。

（2）检查电压分接开关指示位置是否正确。

（3）检查各线圈的匝数比，可判断变压器是否存在匝间短路。

（4）测出三相变压器本身变压比的不平衡度。

（5）提供变压比的准确程度，以判断变压器能否并列运行。

二、仪器主要功能及特点

（1）自动测量接线组别。

（2）自动进行组别变换，可直接测量所有变压器的变比。

（3）自动切换相序。

（4）自动切换量程。

（5）自动校表。

（6）输入标准变比后，能自动计算出相对误差。

（7）一次测量完成，自动切断试验电压。

（8）设置数据，测量结果自动保存，可查看历史数据。

（9）测量有载变压器，只输入一次变比。

三、主要技术指标

（1）变比测量范围：1 ~ 1 0000。

（2）组别：1—12 点。

（3）精度：1 ~ 1 000，0.2 级。

（4）电源：AC 220 V ± 10%，50 Hz。

四、面板示意图

面板示意图如图 6-1 所示，结构图如图 6-2 所示。

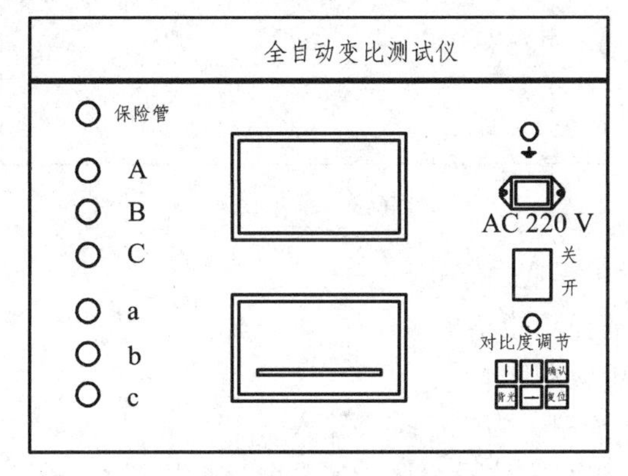

图 6-1　全自动变比仪面板图

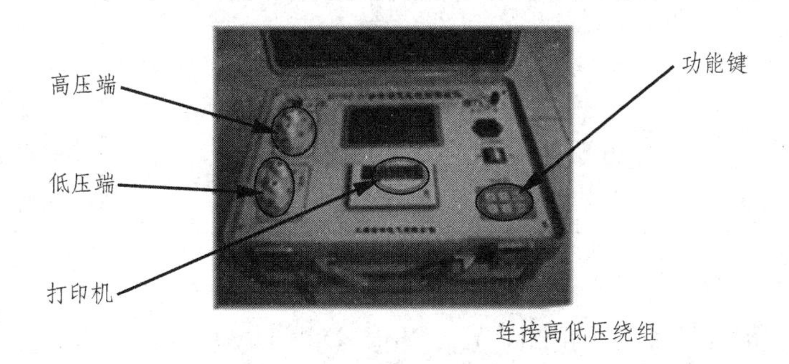

图 6-2　全自动变比仪结构示意图

五、操作方法

（1）连线：关掉仪器的电源开关，仪器的 A、B、C 接变压器的高压端，a、b、c 接低压端，如表 6-2 所示。

表 6-2　接线列表

单相变压器		三相变压器	
仪器	变压器	仪器	变压器
A	A	A	A
B	X	B	B
C	不接	C	C
a	a	a	a
b	x	b	b
c	不接	c	c

注意：切勿将变压器的高低压接反。接好仪器地线。将电源线一端插进仪器面板上的电源插座，另一端与交流 220 V 电源相连。

（2）打开仪器的电源开关，稍后液晶屏上出现主菜单，如图 6-3 所示。

设置接线方法
设置标准变比
开始数据测量
查看历史数据
↑:选择　确认:执行

图 6-3　菜单图 1

选中的菜单反向显示（黑底白字）。
此时可按“↑”键 选择功能菜单。
按“确认”键 执行相应功能。
注：按下按键，放开按键，为一次按键输入。
（3）接法设置，进入接线方法设置后，液晶屏显示如图 6-4 所示。

设置接线方法　接法：Yy
设置标准变比
开始数据测量
查看历史数据

图 6-4　菜单图 2

此时按“↑”键选择接法（单相，Yy、Y/d、Dd、D/y）；
按“确认”键保存接法，返回主菜单。
（4）设置变比（变比为变压器的线电压之比），进入标准变比设置后，液晶屏显示如图 6-5 所示。

设置接线方法
设置标准变比　变比=1.0000
开始数据测量
查看历史数据
→:移位　↑↓:增减 确认:保存

图 6-5　菜单图

此时　按“→”键选择数据位，选中的数据反向显示。
按“↑”“↓”键修改数据。
选中数字后，按“↑”“↓”键，数字由 0-9 循环变换，如果是第一位，数字只会由 1-9 循环变换，不会出现 0。
选中小数点后，按“↑”“↓”键，小数点循环移动。
按“确认”键保存数据，返回主菜单（图 6-6）。

<table>
<tr><td>设置接线方法
设置标准变比　　　调压比=1.00
开始测量数据
查看历史数据</td></tr>
<tr><td>→：移位↑↓：增减　确认：保存</td></tr>
</table>

图 6-6　菜单图

调压比的设置方法和标准变比的设置方法相同。按“确认”键保存调压比后，返回主菜单。注意：设置的标准变比为线电压之比，与 QJ35 电桥不同，不需要换算。

变比调压比设置实例：变压器的接法：Y/Y，电压比：（10 000 ± 5）V × 5%/400 V。接法设为 Y/Y 标准变比设为：10 000/400 = 25，调压比设为：5.00% 选择“开始测量”，按“确认”键后，显示如图 6-7 所示。

<table>
<tr><td>接法=Y/Y?
变比=25.000</td></tr>
<tr><td>→：否　　确认：是　　↑↓：换挡</td></tr>
</table>

图 6-7　菜单图

每按“↑”键一次，变比增加 25.000 × 5%，即 1.25。每按“↓”键一次，变比减少 1.25。新的标准变比直接显示在屏上，按确认键，即可测量出结果。

变压器的电参数为接法：Y/Y 电压比：高压 1 分接 10 500 V，2 分接 10 000 V，3 分接 9 500 V，低压 400 V 接法设为 Y/Y 测量 1 分接时，变比设为 10 500/400 = 26.250 调压比设为：0.00%。

选择“开始测量”，按“确认”键后，显示如图 6-8 所示。

<table>
<tr><td>接法=Y/Y?
变比=26.250</td></tr>
<tr><td>→：否　　确认：是　　↑↓：换挡</td></tr>
</table>

图 6-8　菜单图

按确认键，即可测量。测量 2 分接时，变比设为 10 000/400 = 25.000 调压比设为：0.00% 选择“开始测量”，按“确认”键后，显示接法和变比后，按确认键，即可测量。测量 3 分接时，变比设为：9 500/400 = 26.250；调压比设为：0.00%。选择“开始测量”，按“确认”键后，显示接法和变比后，按确认键，即可测量。2 分接测量完成后，显示如图 6-9 所示。

<table>
<tr><td>第3次</td><td>共3次</td></tr>
<tr><td>组别：　1 2点</td><td></td></tr>
<tr><td>AB:　25.008</td><td>0.03%</td></tr>
<tr><td>BC:　25.010</td><td>0.04%</td></tr>
<tr><td>CA:　25.000</td><td>0.00%</td></tr>
<tr><td colspan="2">↑：翻页　　→：打印　确认：返回</td></tr>
</table>

图 6-9　菜单图

每次测量完成后，仪器自动保存数据，最多保存 30 个数据，超过 30 后，本次数据存入第 30 次，第一次数据清除，即先进先出。

第一行左边显示本次数据在历史数据中的位置，右边显示历史数据的个数。

第二行为组别。

第三行左边为 AB 相的变比，第三行右边为 AB 相的相对误差，依此类推。

如果测单相变压器，只有前三行显示。

5. 组别与极性的关系

变压器接线的组别和极性，是生产检修工作中必须确定的重要特性。关于组别与极性的关系，因变压器是由原副边绕组和接线端子不同而确定的，若原副边相位差为 0°（同相）称减极性（或称负极性），若原副边电压相位差为 180°（反相）称加极性。因此若组别为 11，12，1。其极性为减极性（或称负极性）。组别为 5，6，7，其极性为加极性（也称正极性）。因比三相变压器规程要求测组别而不显示极性。单相变压器则测极性，因单相变压器组别只有 6，12 两种而组别为 6 即加极性，组别为 12 即减极性。

如果实测变比的相对误差大于 10%，显示“ > 10%”，如果实测变比的相对误差小于-10%，显示“<-10%”。

按“↑”键，查看数据。

按“→”键，打印屏幕。

按确认键，返回主菜单。

六、技术标准

变比是变压器设计时计算误差的一个概念。一般的变比大于 3 时，误差需小于百分之 0.5；变比小于等于 3 时，误差需小于百分之 1。

根据 DL/T596-2005《电力设备预防性试验规程》规定，变比的试验周期是在分接开关引线拆装后、更换绕组后、或必要时。要求各相应接头的电压比与铭牌值相比，不应有显著差别，且符合规律。电压 35 kV 以下，电压比小于 3 的变压器电压比允许偏差为 ± 1%；其他所有变压器额定分接电压比允许偏差 ± 0.5%，其他分接的电压比应在变压器阻抗电压值（%）的 1/10 以内，但不得超过 ± 1。

七、注意事项

（1）在测量过程中，不要触摸试品，以防触电。

（2）保险 1 为 2 A，保险 2 为 0.5 A。如果测试线短路，高低压接反，会熔断保险。保险熔断后，如果进行测量，在显示“正在测量，请等待！”后停住，此时请关机，更换相同容量的保险，重测。

（3）连线要保持接触良好。仪器应良好接地。

（4）仪器的工作场所应远离强电场、强磁场、高频设备。供电电源干扰越小越好，宜选用照明线，如果电源干扰还是较大，可以由交流净化电源给仪器供电。交流净化电源的容量大于 200 VA 即可。

（5）仪器工作时，如果出现液晶屏显示紊乱，按所有按键均无响应，或者测量值与实际值相差很远，请按复位键，或者关掉电源，再重新操作。

（6）如果显示器没有字符显示，或颜色很淡，请调节亮度电位器至合适位置。

（7）仪器应存放在干燥通风处，如果长期不用或环境潮湿，使用前应加长预热时间，去除潮气。

八、思考题

（1）既然全自动变比测试仪能测试出来变比，为什么测量过程中，还要手工输入变比值？输入值根据什么数据计算？能不能任意输入？

（2）变压器的 ABC 相序是如何定义的？

讲授视频

实操视频

变压器变比组别测试

试验七　变压器直流电阻测试

一、概述

变压器的直流电阻是变压器制造中半成品、成品出厂试验、安装、交接试验及电力部门预防性试验的必测项目，能有效发现变压器线圈的选材、焊接、连接部位松动、缺股、断线等制造缺陷和运行后存在的隐患。直流电阻测试仪可满足变压器直流电阻快速测量的需要，整机由单片机控制，自动完成自检、数据处理、显示等功能，具有自动放电和放电指示功能，测试精度高，操作简便。

二、安全措施

（1）测试完毕后一定要等放电报警声停止后再关闭电源，拆除测试线。

（2）测量无载调压变压器不同挡位时，一定要等放电指示报警音停止后，切换挡位。

（3）在测试过程中，禁止移动测试夹和供电线路。

三、性能特点

（1）仪器自动选择输出电流，最大可以输出 10 A 电流。

（2）仪器测量范围宽，0.2 mΩ-20 kΩ，能测量 110 kV 等级以下的所有感性直流电阻。

（3）具有完善的保护电路，可靠性强。

（4）具有音响放电报警，放电指示清晰，减少误操作。

四、技术指标

仪器输出电流：10 A、1 ~ 5 A、0.1 ~ 1 A、10 ~ 100 mA、10 mA 以下，准确度：0.2%，分辨率：0.1 μΩ，工作温度：0 ~ 40 °C，环境湿度：≤90%RH，无结露。

量程如表 7-1 所示。

表 7-1　量程参数

0.6 Ω	10 A
15 Ω	1 ~ 5 A
150 Ω	0.1 ~ 1 A
1.5 kΩ	10 ~ 100 mA
20 kΩ	10 mA 以下

五、系统介绍

仪器面板见图 7-1。

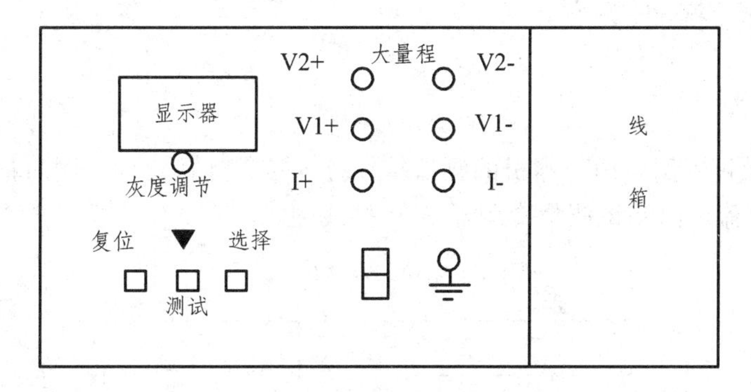

图 7-1　直流电阻测试仪器面板图

（1）电源开关：整机电源输入口，带有交流插座，保险仓和开关。

（2）⏚：接地柱，为整机外壳接地用，属保护地。

（3）I+、I-：电流输出端子。

（4）V1+、V1-：第一通道电压输入端子。

（5）V2+、V2-：第二通道电压输入端子，大量程 20 kΩ 的专用端子。

（6）显示器：128 × 64 点阵液晶显示器，显示菜单、电流和电阻值。

（7）灰度调节：可调整显示字符的对比度。

（8）复位键：整机回到初始状态，切断输出电流。

（9）▼：光标移动键，用于将光标在菜单各项之间移动，选中项反白显示。

（10）选择/测试键：选定菜单后按此键，改变菜单内容，在测试菜单下按此键仪器按选定量程启动进行测试，显示电阻值后，按此键 1 ~ 2 s 可重新启动，清除数据缓冲区中的旧数据。

C1电流极（红）
P1电流极（红）
P2电流极（黑）
C2电流极（黑）
功能键

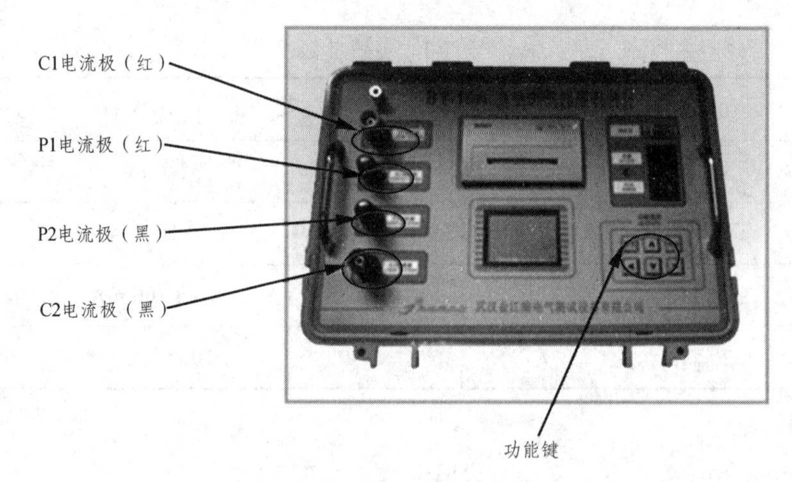

图 7-2　直流电阻测试仪结构示意图

六、测试与操作方法

1. 接线方法

把被测试品通过专用电缆与本机的测试接线柱连接，连接牢固，同时把地线接好。如图 7-3 为直流电阻测试测量变压器 A 相接线图。

分别测量A0、B0、C0
I+
V+
V-
I-
直流电阻测试仪
V+
I+
I-
V-
0相
A相
B相
C相
铁芯
夹件

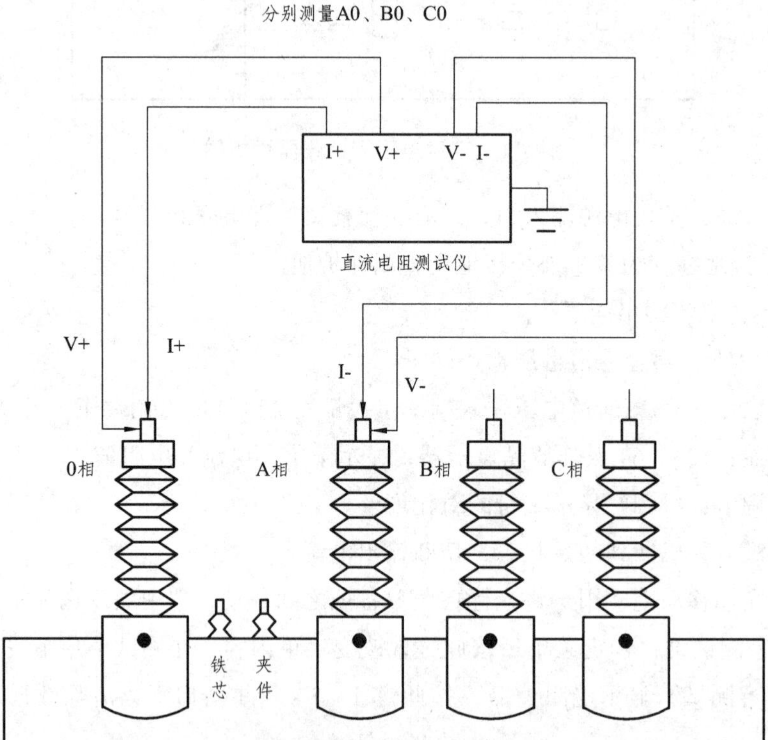

图 7-3　直流电阻测试测量变压器 A 相接线图

2. 量程选择

打开电源开关，显示屏上会显示如图 7-4 所示，这时可通过选择/测试键对所测试品电阻范围进行选择，如果双通道测量要将两个电阻相加，如果用助磁法高压侧电阻按 1.5 倍核算。每按一下选择键，显示屏上会滚动出现各量程，0.6 Ω、15 Ω、150 Ω、1.5 kΩ、20 kΩ。当选择 20 kΩ 的大量程时，仪器必须用 V2+、V2-端。

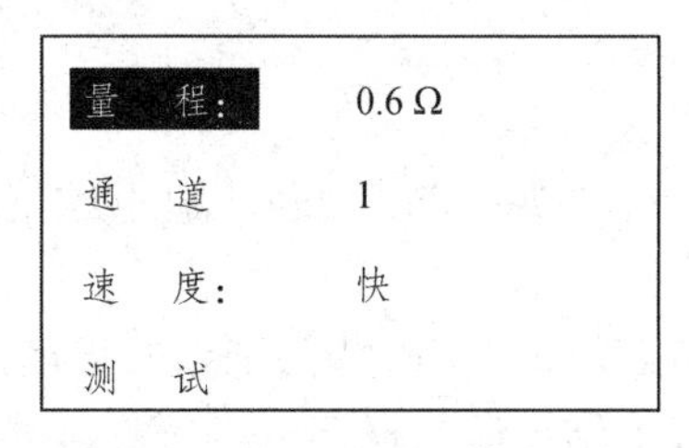

图 7-4　开机主菜单

3. 通道选择

在图 7-4 所示状态按▼键，选中“通道”菜单，此时按选择键可以选择通道，“1”表示使用第一通道 V1+、V1-，“2”表示使用第二通道 V2+、V2-，“双”表示两个通道一起使用。

4. 速度选择

当选中“速度”菜单时，按选择键可以选择速度“快”和“慢”，仪器默认为“快”方式，当测量大容量变压器的低压侧等数据不稳定时，建议使用慢速方式测量，增强稳定性。

5. 测试过程

当选择好菜单内容后，在“测试”菜单下，按下测试键就开始测试，显示屏指示充电电流值同时提示“正在充电请稍候”，当电流稳定后显示屏显示所使用的测试电流，同时提示“正在测试请稍候”，之后显示电流值和电阻值，同时“测试”两字开始闪烁，按测试键可以重新测量但电流维持不变。

测试时当所选量程太大时，会提示“请换小量程，按测试可继续”，因为电流太小不利于信号稳定，此时应更换量程，让仪器提高输出电流。特殊情况可以不换量程，按测试键继续测量，此时仪器开始正常测试。

测试时当所选量程太小时，会提示“请换大量程”，因为电阻太大，仪器电流充不上去，此时应更换量程。但是如果换了最大的量程，还提示“请换大量程”，请放电后检查接线有没有虚接形成不通路，或者接线方法错误，例如测量变压器原边和次边的绕组直流电阻，这个属于错误测量。

当所选量程为大量程 ~ 20 kΩ 时，第二通道开路或电阻超过 999.9 kΩ 时，仪器显示 999.9 kΩ。

6. 测量结束

测试完毕后，按“复位”键，仪器电源将与绕组断开，同时放电，音响报警，这时显示屏回到初始状态，放电音响结束后，可重新接线，进行下次测量或拆下测试线与电源线结束测量。

七、注意事项

（1）在测量无载调压变压器分接头一定要复位，放电结束后，报警声停止，方可切换分接点。

（2）有载调压的变压器测量高压侧电阻时从 1 或 17 最大电阻挡开始测量。

（3）在拆线前，一定要等放电结束后，报警声停止，再进行拆线。

（4）选择电流时要参考技术指标栏内量程，不要超过量程和欠量程使用。超量程时，由于电流达不到预设值，即使强行继续测试结果稳定性差。欠量程时，电流太小，对于大容量变压器数据不稳定。当出现此两种状态时要确认量程，选择适合的量程进行测试。

（5）用助磁法时注意量程。因为高压线圈两个并联加上一个串联，在整个测试回路加入了 1.5 倍的高压线圈电阻，选择量程时要折算在内。如果超量程使用输出电流无法达到设定值或输出电流不稳定。助磁法三条线的短接点在放电完毕后拆线时，可能有剩余电流，拆除时可能会打火放电，此属正常现象。

八、思考题

（1）测量直流电阻能不能用万能表测量？直流电阻测量主要应用的那些场合中？

（2）在直流电阻测量过程中，仪器一直提示量程太大，是什么原因？应如何处理？

（3）三相变压器相间直流电阻差异在多少可断定不合格？

（4）直流电阻为什么需要进行温度换算？如何换算？

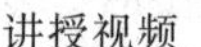

讲授视频

实操视频

变压器直流电阻测试

试验八　电缆故障测试

一、概述

在电力电缆过程中，一旦发生故障，很难较快地寻测出故障点的确切位置，不能及时排除故障恢复供电，往往造成停电停产的重大经济损失。所以，如何用最快的速度、最低的维护成本恢复供电是各供电部门遇到故障时的首要课题。

电缆故障寻测包括两大步骤：粗测和精测，粗测是故障预定位，精测是准确定位故障点。粗测的方法很多，主要有电桥法、低压脉冲法、高压闪络测量法等，测量出故障点的大概范围。精测主要是查找清楚电缆的路径和埋深，进而找出故障点的精确位置。精测定点有跨步电压法定点仪（死接地、碳化故障）、一体化无噪定点仪（常规直埋电缆）、电流法定点仪（电缆沟道、桥架相间故障），这时就需要根据不同电缆类型选择不同仪器。

二、测试原理

1. 主机工作原理

仪器的工作原理采用高频传输线理论，当介质不连续时入射波会在介质变化处产生反射的原理，将故障电缆对高频信号等效为一个介质不连续的传输线，加高频脉冲到传输线上，在介质变化处（故障点），必然会产生反射波，通过现代计算机技术，测量发射脉冲到反射脉冲的时延，自动计算出距离，显示到仪器上，达到寻找电缆故障点的目的。

由于电缆故障多种多样，故仪器具有低压脉冲法、高压脉冲法（闪络法）、直闪法音频、超声波感应法四种测试方法：低压脉冲由主机产生，高压脉冲可由数字式遥控型一体化高压脉冲发生器产生，也可以由操作箱、轻型 PT、脉冲储能电容、球隙产生。

2. 核查路径原理

根据实际工作中仪器应用来核查地埋电缆路径及埋深的功能要求，仪器配套有大功率路径信号发生器及手持多频路径仪。核查路径的原理是给待测电缆加上大功率路径信号，在待核查处用手持多频路径仪。

3. 精确定位原理

由于各种电缆的电波传输速度具有一定的离散性，加之线路施工后一般经过较长时间，周围参照物变化，人员更替，尤其是线路较长时，地面丈量难以准确，因此一般必须要精确定点，准确找到故障点，才能算查找成功，一体化声磁同步无噪故障定点仪就是用于故障点准确定位。

定位原理利用高压脉冲信号在电缆故障点处放电必然会产生振动声波和电磁波两种物理现象，一体化无噪定点仪高灵敏度，能同时接收两种信号，并用磁信号自动控制振动声波电路的电子滤波电路自动滤波，以高信噪比高倍放大故障点的振动声波，实现故障准确定点。

4. 故障检测步骤

1）初测

这个是对故障点预定位。

2）低压脉冲法

此步骤校测三相全长应当完全相同，并适合低阻、开路故障初测故障点。

3）高压脉冲或直闪法

对电缆高阻故障采用高压脉冲法（或称冲闪法）此方法适用于绝大部分故障，直闪法适用于部分闪络性高阻故障。

4）核查电缆路径及埋深

此步骤对于直埋电缆必须进行，沟道及隧道电缆可以省略。

5）准确定位

在初测范围 10 m 前后，电缆路径正上方地面用一体化无噪声磁同步定点仪完成准确定位，同时需要给待测故障电缆的故障相加上高压脉冲信号，使故障点放电，以便定点仪通过检测放电产生的声波及电磁波完成故障点准确定位。

三、仪器配套

用于 35 kV 及以下电力电缆故障快速检测时系统配置。

1. 主机

主机包括预定位用的电缆故障测试仪主机和路径查找用的智能型路径信号发生器。

预定位部分可完成低阻、开路故障的初测，并可与大功率高压脉冲发生器、无线高压脉冲采样器，配合完成各种高阻故障的初测。

路径部分是大功率路径信号发生器，可与手持多频路径仪配合完成地埋电缆路径的核查及埋深的检测。

2. 故障定点仪

一体化无噪声磁同步故障定点仪用于故障点直观、快速定位。

3. 高压脉冲发生器

遥控型一体化高压脉冲发生器与主机配合完成各种故障初测，与一体化无噪故障定点仪配合完成故障点快速准确定位。

4. 高压脉冲发生组合装置

（1）操作箱。用于高压脉冲的幅度、放电间隔控制与调节以及保护与指示。

（2）轻型耐冲击交直流试验变压器。用于将操作箱输出的可调低压升压为所需高压。

（3）脉冲储能电容器。用于将小电流直流高压贮能通过微型刻度球隙形成规律性大功率高压脉冲。

（4）成套专用测试线及放电棒。为现场正确快速接线及安全放电提供方便。

配套说明：高压脉冲发生部分有两种选择，上述的遥控型一体化高压脉冲发生器或者高压脉冲发生组合仪器，选择其中一种即可。遥控型数字式一体化高压脉冲发生器，接线简单、遥控操作，安全、方便。高压脉冲发生组合仪器由操作箱、轻型交直流试验变压器和脉冲储能电容器组成，每件均便于携带。教学上可按功能配置，容易理解测量过程。

四、仪器使用方法

1. 电缆故障测试仪操作说明

FCL-2005 智能型电缆故障测试仪面板示意图如图 8-1 所示。

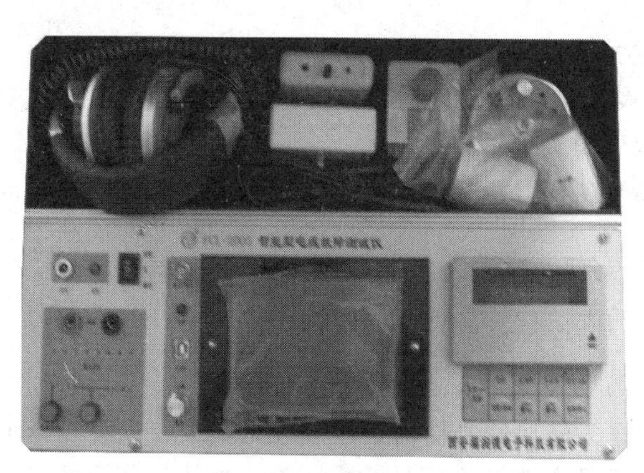

图 8-1　面板图

2. 面板说明

面板包括预定位用的电缆故障测试仪主机和路径查找用的智能型路径信号发生器部分。

3. 公共操作部分

充电插座：内置充电电池欠压时，插入专用充电器进行充电，充电时应将电源开关关闭，充电器上的指示灯为红色时表示正在充电，变绿时表示已经充满。

电源开关是仪器的电源开关，打到“定位”挡位用于故障的初步定位，打到“路径”挡位用于电缆路径的查找。“欠压”指示灯：打开电源开关后，内置电池欠压时灯亮，否则不亮。

4. 定位用的电缆故障测试仪主机部分

LCD 显示屏： 显示测试、调用、存储波形、内存管理等功能的显示屏。

“输入输出”Q9：接低压脉冲输出连接线或接高压脉冲输入线。

“采样”指示灯：指示采样信号有无，低压脉冲法下闪烁一次表示采集到一组波形数据，高压脉冲法下亮表示等待采数据，灭表示采集到一组波形数据。

幅度旋钮：采样波形幅度调节旋钮（顺时针方向大，反之小）。

USB 接口插座：连接笔记本电脑实现远控，即笔记本具有对仪器主机的控制、操作、显示、存贮、打印等优先权实现 4 波形显示，小盲区、高分辨测试，无限量存贮。

打印机：测量数据与波形打印用。

键盘区：[复位（2 s）/光标]：按此键约 2 s 后仪器显示屏回到初始界面，在波形“分析”界面，长按（约 2 s）可使界面切换到波形“停止”界面，在波形“分析”界面，短按此键切换需要移动的左右竖线光标。

[打印]：在波形“分析”界面，按此键可将波形打印出来，打印完自动结束；打印过程中，可以按任意键停止，按压后打印机会在 2 到 3 s 内将内存数据打印完后停止。

[存储/调阅]：在波形“分析”界面，按此键可将波形存储到内存中，在波形“停止”界面，按此键可将调阅内存中的波形。

[全长/对比]：在波形“分析”界面，按此键可将采样到的全长波形从“实时波形”区域放到“全长波形”区域。

[采样/停止]： 切换波形“分析”界面和波形“测试”界面。

[↓/压缩]及[↑/扩展]：在波形“分析”界面，按此键横向压缩或扩展波形，在其他界面，根据提示移动光标或改变设置项目内容。

[←确认]及[→确认] 在波形“分析”界面，移动竖线光标，在其他界面，对所选择菜单项的确认键。

5. 路径查找用的智能型路径信号发生器部分

“输出”：插座接电缆及大地；“输出功率”：指示灯表示输出功率的大小，最大输出 8 W。

“断续/连续”按钮：为转换信号输出是连续或是断续，连续时指示灯常亮，断续时指示灯闪烁；“5/62.5 kHz”按钮：为转换信号输出频率，按压后相应的指示灯亮。

五、试验步骤

1. 初测接线及操作方法

1）低压脉冲法校测三相全长，检测低阻、开路故障接线及操作方法

采波形前，仪器所配夹子线连接待测电缆，将电源开关打到“定位”挡位，进入仪器主

界面，选择电缆类型，并选择待测电缆的最大长度。

（1）仪器操作

在仪器主界面中，根据界面提示选择好电缆类型，然后选择待测电缆的估计长度，并选择测试方法为“低压”。

“电缆类型”项目中电缆介质分为：同轴电缆 194 m/μS、聚氯乙烯 184 m/μS、空气介质 180 m/μS、交联电缆 172 m/μS、油浸纸电缆 160 m/μS、自选介质 200 m/μS，自选介质中的速率值可现场设置以适应特殊电缆。

“待测范围”项，选择待测电缆的长度从小到大接近哪个范围，选择一个不低于电缆全长的数值（比如 3 km）。

用仪器所配夹子线连接待测电缆，红夹子接故障相（测全长时接好相），黑夹子接电缆屏蔽或铅包引出地线，此时亦可将非测相与地线短接，如图 8-2 所示。注意：在执行第此步骤前，请务必将电缆先行充分放电，以免损坏仪器。

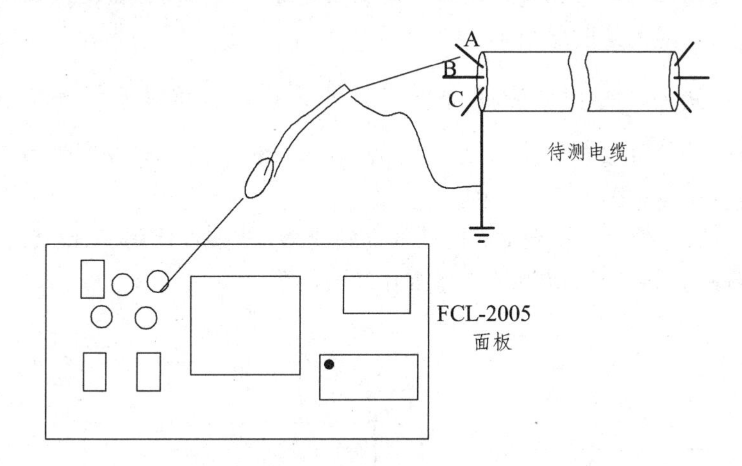

图 8-2 低压脉冲法校测三相全长，检测低阻、开路故障接线图

准备完毕后，按[采样/停止]按键，开始采样，看到理想波形后，再次按[采样/停止]按键，使显示屏界面显示为“分析”波形界面，在此界面下可以对测试到的波形进行分析、存储、打印等操作。

（2）波形分析。

故障属开路性质波形规律如图 8-3 所示。

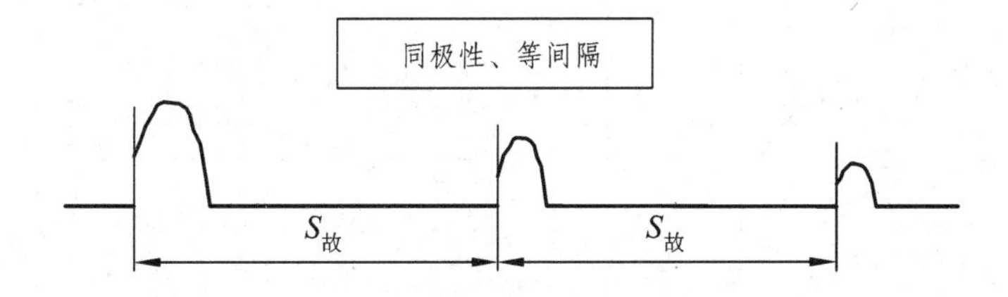

图 8-3 开路故障及全长低压脉冲法测试波形及游标位置图

故障属低阻（短路、接地）性质波形规律如图 8-4 所示。

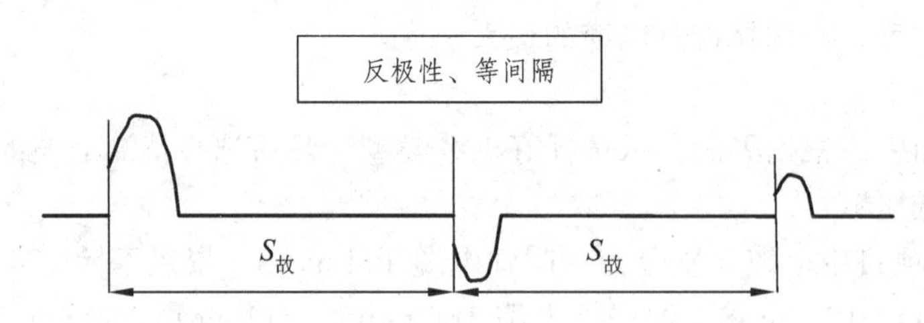

图 8-4　低阻（短路、接地）故障低压脉冲法，测试波形及游标位置图

分析出全长后，低压脉冲法初测结束。注意波形有 3 个特点/规律：开路为同极性反射；低阻为反极性反射；多次反射必然是等间隔的。

注意波形显示幅度的正确调整以清楚直观不限幅（不出现波形上边平顶）为宜，低压脉冲法时可通过智能前置上的幅度旋钮调整（顺时针方向大，反之小）；高压脉冲法时，可通过智能前置上的幅度旋钮调整，也可通过取样传感器距脉冲储能电容器地线或待测电缆引出地线距离进行调整，近则大，反之则小。

2）高压脉冲法初测高阻故障（含低阻、开路故障）接线及操作方法

高压脉冲发生部分有两种选择，可以采用遥控型一体化高压脉冲发生器（图 8-5）或者高压脉冲发生组合仪器（图 8-6）产生。

可见用图 8-5 的接线要比用图 8-6 的接线简单得多，故推荐使用 FCL-2055 遥控型高压一体化脉冲发生器做高压脉冲法初测时的高压脉冲信号源。

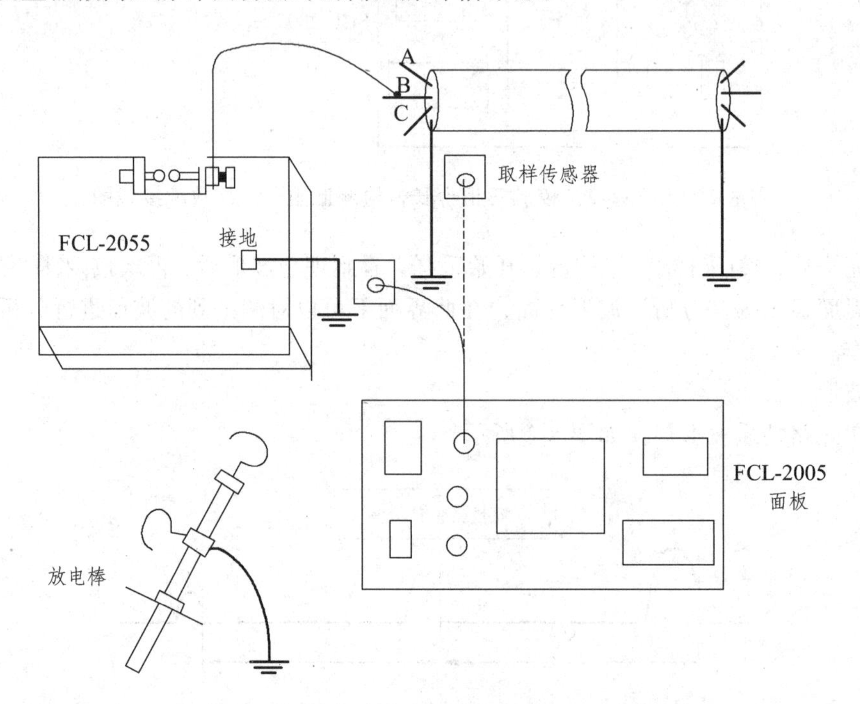

图 8-5　高压脉冲法初测电缆故障接线图

（采用 FCL-2055 遥控型高压一体化脉冲发生器产生高压脉冲信号）

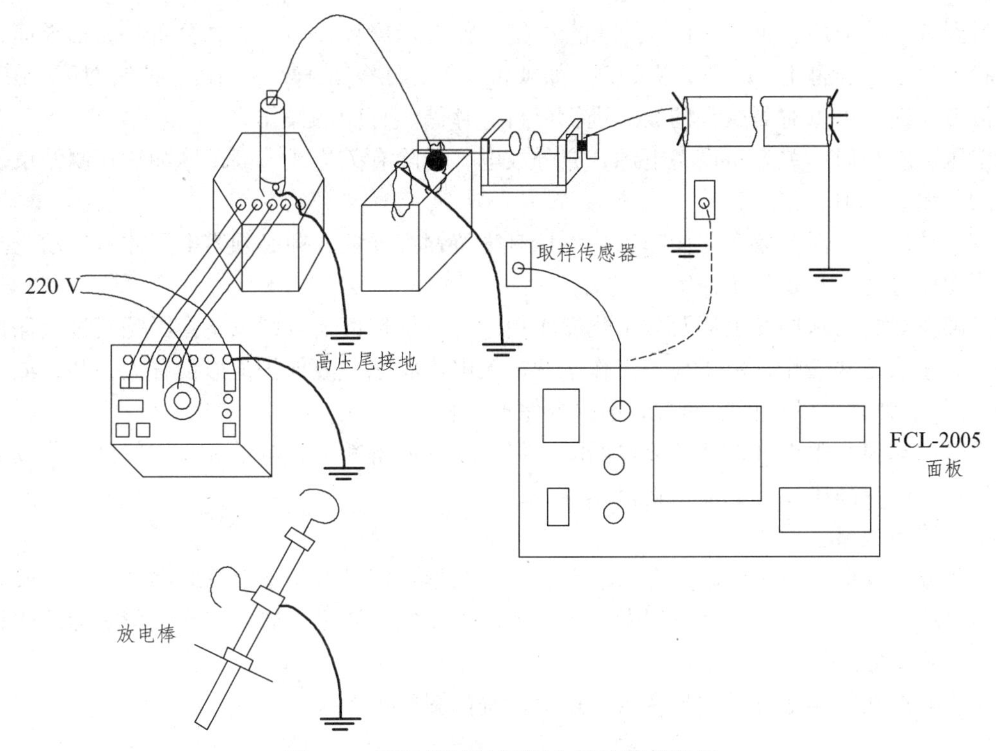

图 8-6　高压脉冲法初测电缆故障接线图

（采用 FCB-3 操作箱，FVT-3/50 轻型试验变压器、FPC-40/2 高压脉冲电容、FCL-2061 安全型刻度球隙组合装置产生高压冲击信号）

从图 8-5，图 8-6 可以看出高压脉冲法检测电缆高阻故障时，智能电缆故障测试仪与高压部分无任何电气连接，克服了高压对检测仪器及人身可能造成伤害的危险，比较安全。

（1）仪器操作。

按图 8-5 或 8-6 可靠正确接线。打开 FCL-2002A 智能型电缆故障测试仪主界面，选择测试方法为“高压”。球隙调至合适间距，2 kV/mm ~ 3 kV/mm。如图 8-6 所示，打开 FCL-2055 电源开关（在此之前应先放电，并远离高压端），用所配遥控器合闸升压至故障点放电（正常放电间隔 3 ~ 4 s 一次），缩短放电时间可升压，加长放电时间可降压。如按图 8-6 接线则合操作箱的电源开关，合闸升压至故障点放电。

按[采样/停止]按键，开始采样，会自动出现故障测试波形，采样是连续自动采样，如图 8-7 所示。

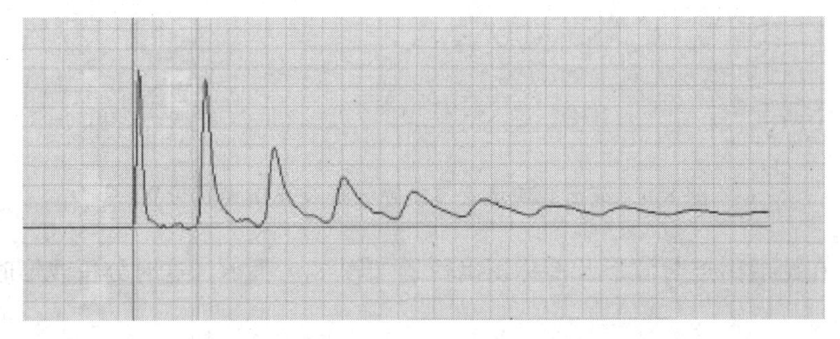

图 8-7　电缆故障测试仪 LCD 屏显高压脉冲法检测电缆故障波形图

看到理想波形后，再次按[采样/停止]按键，使显示屏界面显示为“分析”波形界面，使波形稳定显示在屏幕上，以便分析处理，如须再采样，再按[采样/停止]按键按钮即可。在“分析”波形界面中可以对测试到的波形进行分析、存储、打印等操作。

降压、断高压，关高压设备电源，充分放电，拆除有关连线。高压脉冲法初测结束。

（2）注意事项。

高压脉冲发生器及数字化操作箱均设计有零位锁定开关，即必须零电压才能启动，当合闸操作无反应时，必须降压回零。

正确设置高压脉冲发生器及数字化操作箱的过流保护值，否则设备会因频繁过流保护动作而导致无法正常工作，由于设备工作于冲击大电流状态，故保护值应设置大一些，或者将“保护开关”弹起，以使正常冲击时不频繁保护为宜。

通过调球隙间距也可以调整放电间隔，但必须在设备断电且电缆及高压部分充分放电后才可操作，以免高压设备贮能击伤操作者。

（3）波形规律。

故障波形反射点不可能超出全长波形，故障波形肯定具有基本上等间隔规律，一般有多次反射时取第二次更准。一次反射游标规律如图 8-8 实线游标，二、三次反射游标规律相同如图 8-8 虚线游标所示。

当故障点在终端附近时波形及游标正确位置如图 8-9 所示。

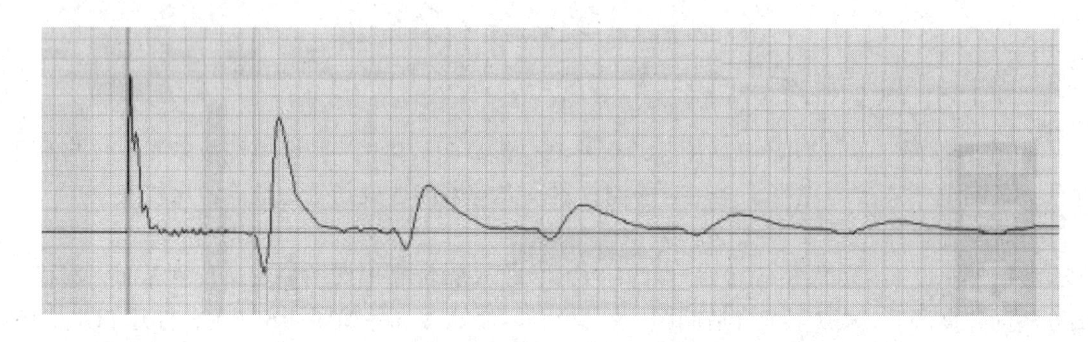

图 8-8　高压脉冲法终端附近故障波形及正确游标位置

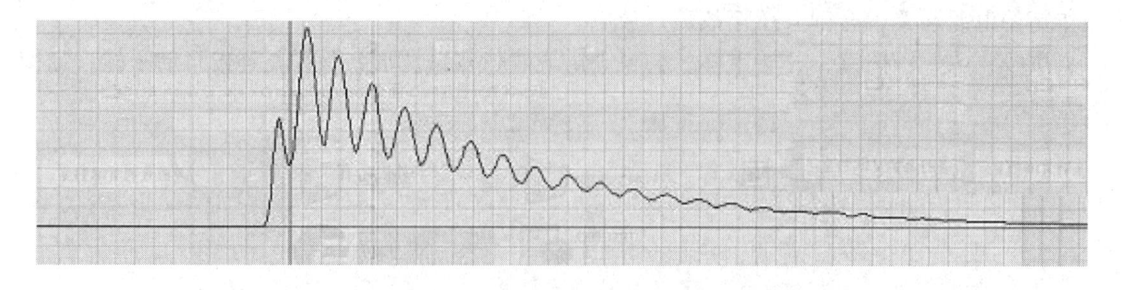

图 8-9　高压脉冲法近端故障波形及正确游标位置

当故障点在始端附近时波形及游标正确位置如图 8-9 所示，这时分析波形时可以用以下技巧：

① 水平扩展后仍按图 8-8 规律分析。

② 波形必有多次反射，且很密，距离计算规律为游标取 4 ~ 7 个边（沿），则距离 = n 个边屏显距离/$n-1$。例如图 8-9 中：$S=\dfrac{28.38}{5-1}=7.10$。

③ 加一段已知长度的电缆，使始端故障变为中间故障来测试分析。

④ 方便的话，将设备搬到终端来测试验证，使始端故障变为终端故障来测试分析。

⑤ 将图 8-10 的接线方式改为图 8-11 的接线方式也是将始端故障变为终端故障来测试分析的一种有效方法。

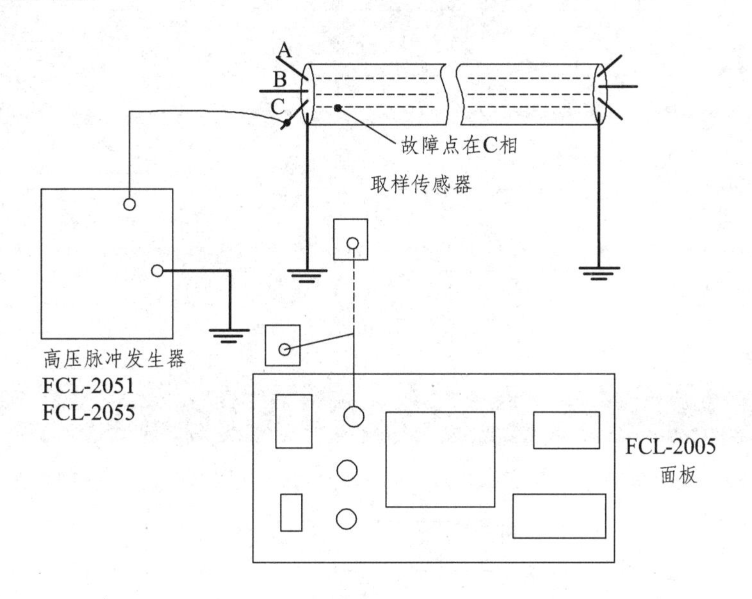

图 8-10　高压脉冲发生器接线

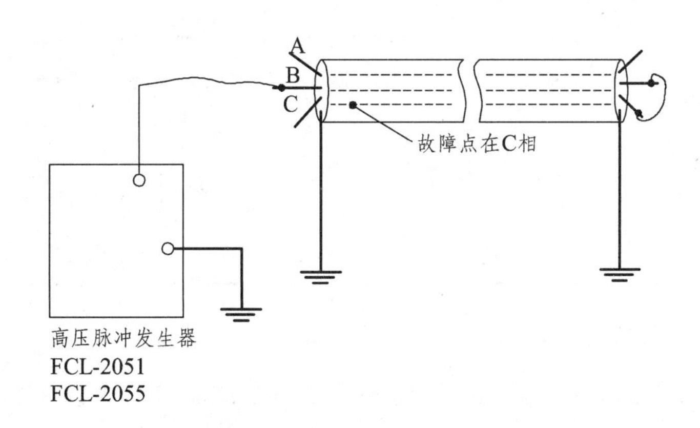

图 8-11　高压脉冲发生器接线

故障属开路性质波形规律如图 8-13 所示。

故障属低阻（短路、接地）性质波形规律如图 8-14 所示。

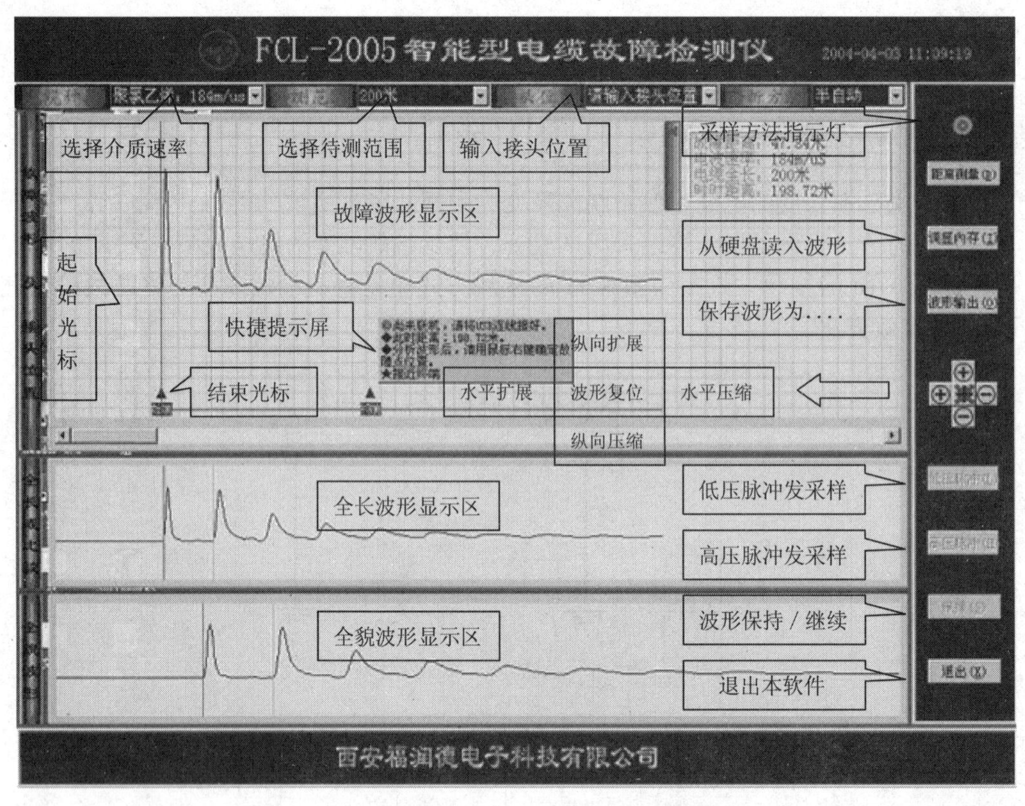

图 8-12　电缆故障检测仪虚拟界面及低压脉冲法检测电缆全长及开路故障波形

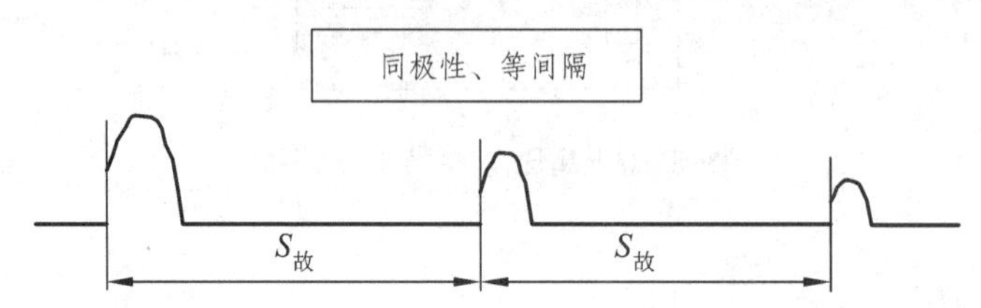

图 8-13　开路故障及全长低压脉冲法测试波形及游标位置图

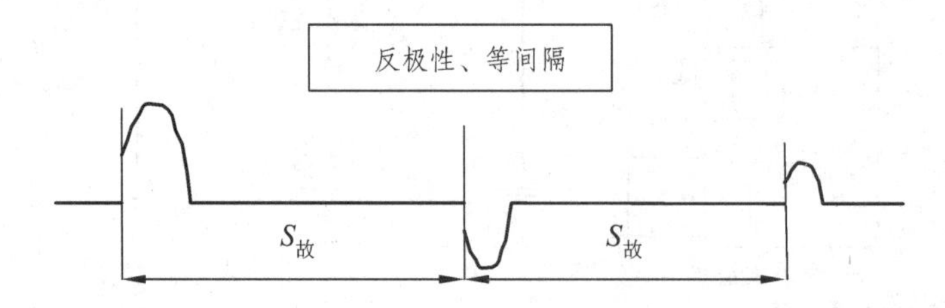

图 8-14　低阻（短路、接地）故障低压脉冲法，测试波形及游标位置图

退出虚拟仪器界面进入 WINDOWS 界面，正常关机，拆除连线。

注意波形有 3 个特点/规律：开路为同极性反射；低阻为反极性反射；多次反射必然是等间隔的。

注意波形显示幅度的正确调整以清楚直观不限幅（不出现波形上边平顶）为宜，低压脉冲法时可通过智能前置上的幅度旋钮调整（顺时针方向大，反之小）；高压脉冲法时，可通过智能前置上的幅度旋钮调整，也可通过取样传感器距脉冲储能电容器地线或待测电缆引出地线距离进行调整，近则大，反之则小。

电缆传播速度测试时，单击[距离测量]按钮或按下[D 键]，转为波速测量，此时要求输入[电缆长度]；按低压脉冲法测全长方式接线；按低压脉冲法测全长，分析波形移动游标，屏幕右上角会显示被测电缆传播速度值。按此传播速度值测同类电缆的故障距离将会更准确。此时主机之电脑屏上会自动出现故障测试波形，如图 8-15 所示，采样是连续自动采样。

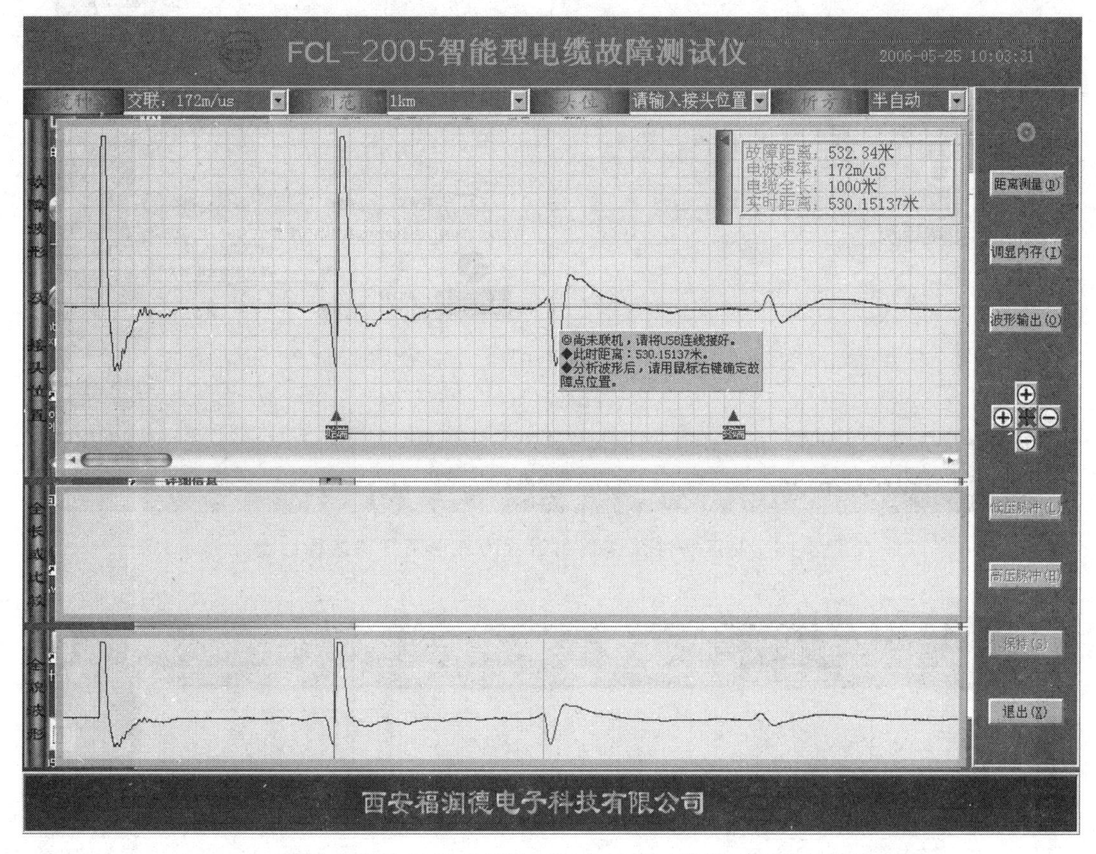

图 8-15　电缆故障检测仪虚拟界面及高压脉冲法检测电缆故障波形图

看到理想波形用鼠标点击[保持]按钮（或按快捷键{空格键}），使波形稳定显示在屏幕上，以便分析处理，如须再采样，再按下[空格]键或用鼠标单击[继续采样]按钮即可。降压、断高压，关高压设备电源，充分放电。

用鼠标光标指向故障波形起始点，单击鼠标左键便可以确定起始位置（红色的竖线），把鼠标光标移动到故障位置单击{鼠标右键}，便可以确定故障位置（绿色的竖线），故障距离自动给定（图 8-15）。

同样，此时可用鼠标单击[输出]或按快捷键{O 键}，弹出波形输出选择窗体，选择相应选项输出即可。如无需波形输出即步骤（9）可以省去，高压脉冲法初测结束。

退出虚拟仪器界面进入 WINDOWS 界面，正常关机，给高压设备及电缆充分放电，拆除有关连线。

注意波形规律：故障波形反射点不可能超出全长波形；故障波形肯定具有基本上等间隔规律；一次反射游标规律如图 8-15 实线游标，二、三次反射游标规律相同如图 8-20 虚线游标所示。

当故障点在终端附近时波形及游标正确位置如图 8-16、8-17 所示。

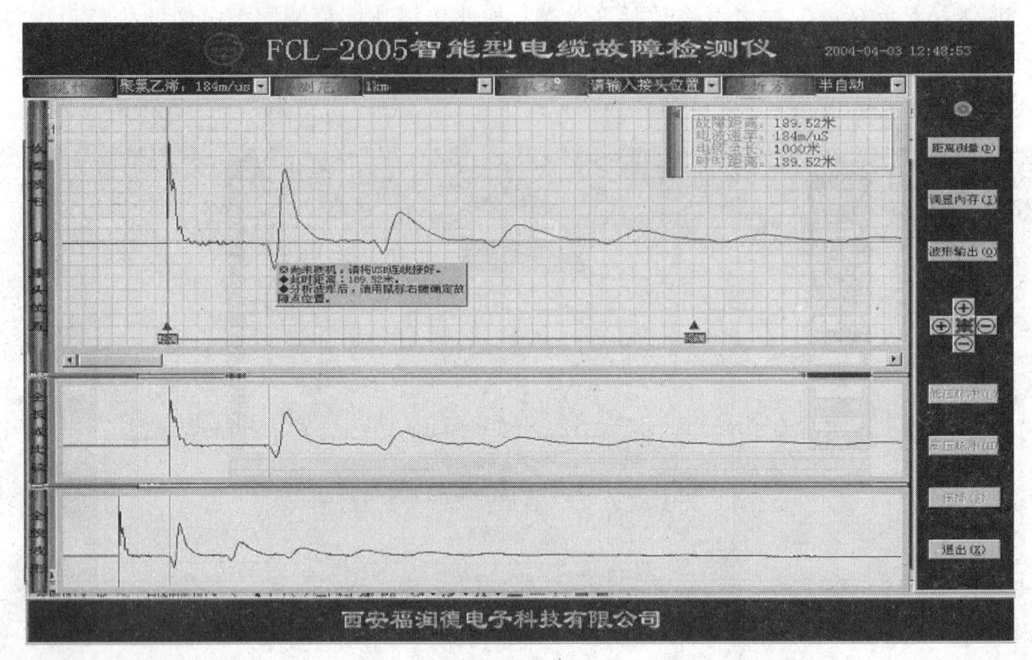

图 8-16　高压脉冲法终端附近故障波形及正确游标位置

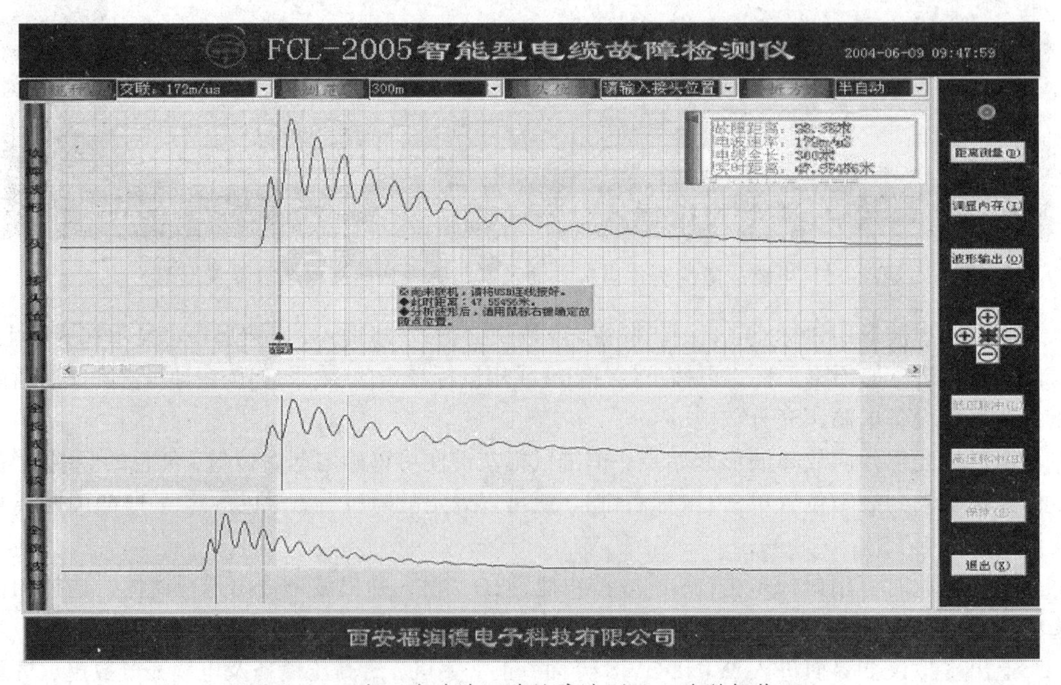

图 8-17　高压脉冲法近端故障波形及正确游标位置

3）核查电缆路径及埋设深度

（1）使用的仪器及用途。

对于直埋电缆来说，进行路径的核查是故障查找过程必须进行的一个重要步骤，它对最后的故障点定位从无数次的现场经验看可以起到事半功倍的效果。大功率路径信号发生器及FCL-2036A 手持多频路径仪配合，可完成电缆路径的准确查找。

（2）主要特点。

路径信号发生器大功率输出根据电缆长度自动阻抗匹配，保证输出功率最大、电磁辐射最强，可以输出 5 kHz、62.5 kHz 多种频率信号，适合了不同长度的电缆，适应范围更宽。

FCL-2036A 手持多频路径仪有 50 Hz、5 kHz、62.5 kHz 多种频率，选择适合不同长度电缆，适应范围更宽，50 Hz 可用于查找带电电缆路径。由声音大小来确定地埋电缆埋设走向，使用简单。

（3）面板说明。

FCL-2036A 手持多频路径仪如图 8-18 所示。图中“输入”接传感器插头，“输出”接耳机插头，“灵敏度”调节信号输入大小，50 Hz/5 Hz/62.5 kHz”为选择接收信号的种类，拆掉后盖的电池卡可以更换 9 V 电池。

图 8-18　手持多频路径仪

（4）使用方法。

按图 8-19 接好线，将电源开关打到“路径”挡位，路径信号发生器应有输出指示。根据电缆长度设置路径信号发生器输出信号，200 m 以下时使用 62.5 kHz 设置，200 m 以上时使用 5 kHz，使输出功率最大时为合适。根据周围环境将路径信号发生器输出设置为断续或者连续，断续方式信号强范围大，连续方式可以找的更精确。图 8-20 为信号接屏蔽层接线图。

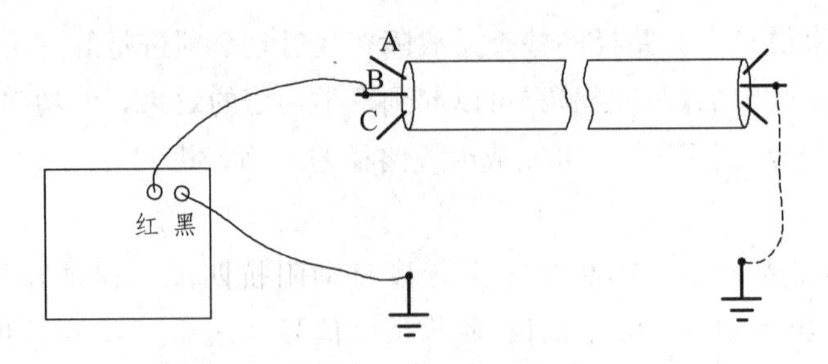

图 8-19　信号接相对好相接线图

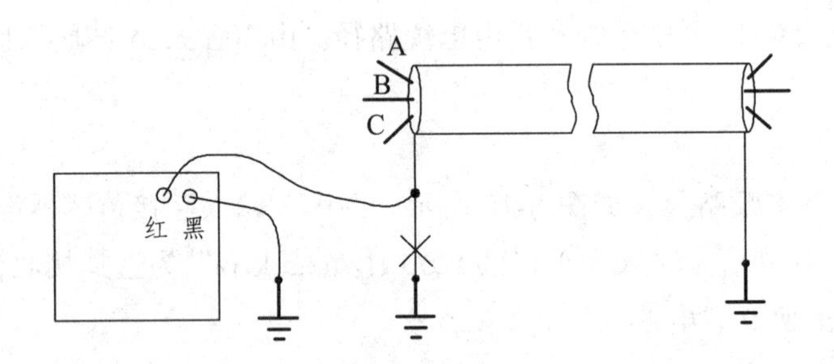

图 8-20　信号接屏蔽层接线图

在测试端，FCL-2036A 手持多频路径仪应接收到很强的信号。将 FCL-2036A 手持多频路径仪带至电缆故障初测位置前后，核查待测电缆路径，应先将路径信号增益顺时针调大直到收到路径信号后再调小，以准确查找路径并降低干扰噪声。

本路径仪可以最小信号（谷点）、最大信号（峰点）两种方式核查电缆路径，以适应不同现场情况，其规律如下图 8-21 所示，请注意区别并合理选择。

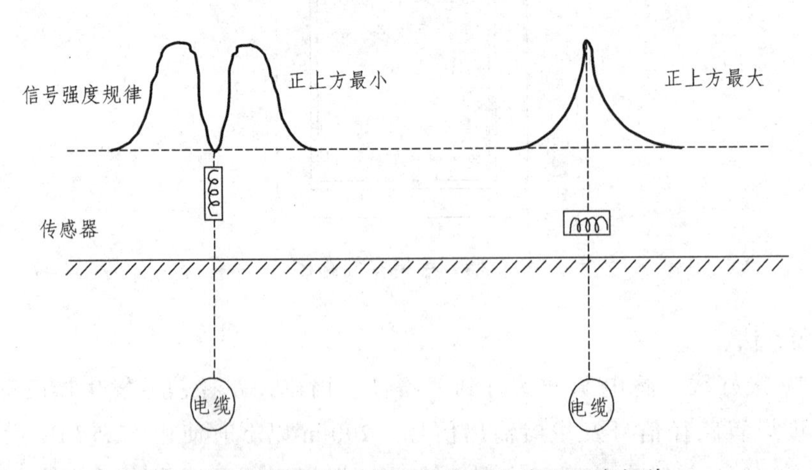

图 8-21　路径核查时传感器位置及信号强度规律

在电缆故障初测的位置前后核查路径，并将信号最小点（或最大点）连成一线，现场可以在地面画线或找石子、砖块等摆成连线，则此线下方即是待测电缆。

如要测电缆深度，按信号最小法说明如图 8-22 所示。

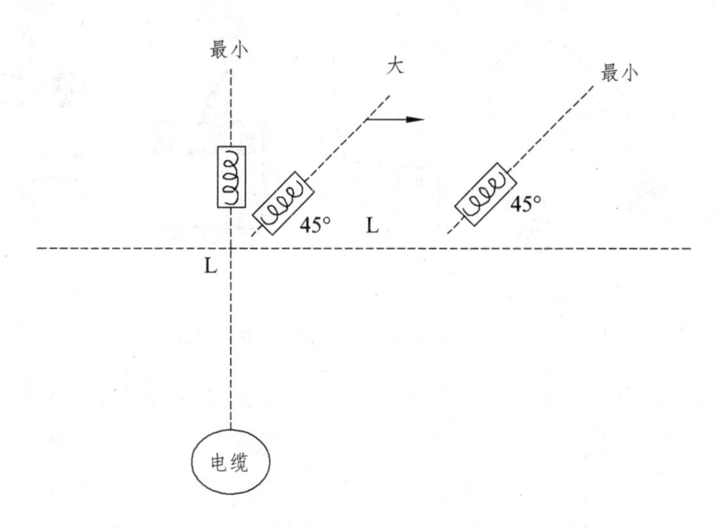

图 8-22　测电缆埋深示意图

注意：图中传感器先在最小信号点倾斜 45°，则信号变大，沿垂直待测电缆方向向一侧移动，保持传感器倾斜角度不变，再找到一个最小点，则传感器移动的距离与电缆深度正好形成一个 45° 的等腰三角形的两个直角边，即移动距离就等于电缆深度。当所测电缆为沟道电缆时检查路径这一步可以省去。

（5）精确定位。

进行电缆故障的精确定位必须是初测完成，路径准确的情况下。当待测电缆全长 < 50 m 时，可不初测但必须核查路径后直接定位。

进行故障定位的原理是给待测电缆加适当高压脉冲使故障点形成规律性放电，而此放电会产生电磁辐射信号，同时产生声音信号，并使故障点处电缆产生轻微振动，电磁信号很强沿电缆长距离存在，声音信号只在故障点附近才有，FCL—2015 一体化无噪声定点仪可以高灵敏选频接收此两种信号分别处理放大，通过声音大小来准确定点，仪器性能指标及使用方法如下：

一体化无噪声定点仪是便携式智能电缆故障定位仪器，主要用于地下动力电缆绝缘故障点的快速、精确定位。

仪器面板及组成说明如图 8-23 所示。

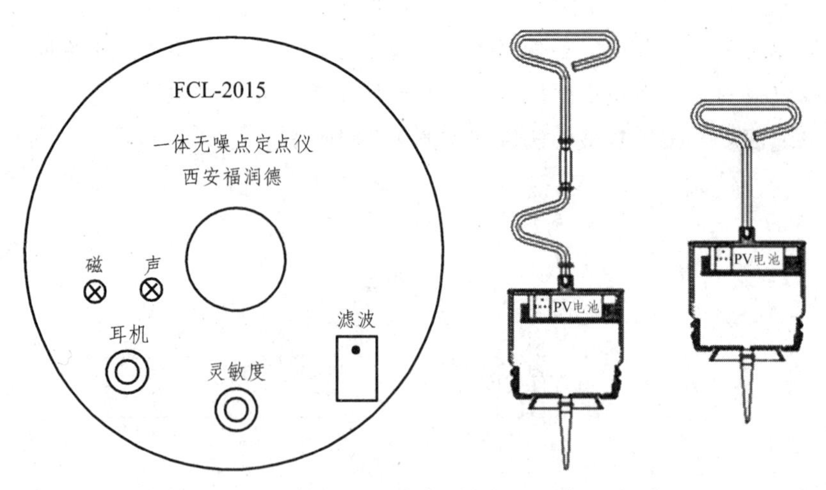

图 8-23　一体化无噪声定点仪仪器面板及组成

使用时可以根据具体使用长度按图示组装连接手柄和底探针，在水泥地面时可以去掉底探针，将手柄和面板部分连接后，即接通了仪器电源。“声、磁”指示灯间歇亮时表示接收到放电信号，即接收到振动声波和电磁波。“灵敏度”旋钮：使用时根据声音大小调节。“滤波”选择按键：按键压下为滤波电路起作用，耳机只有在收到电磁波后才有振动声波输出到耳机，平时没有任何噪声。电池盒盖（松开定点仪侧面上部的三颗螺钉可打开上盖更换电池）。

（6）定点。

由于电缆地下埋设实际长度与地面丈量距离的误差，所以闪测仪进行初测之后还必须使用“定点仪”对故障点精确定位，其步骤如下：

定点之前如果不知道电缆敷设走向、埋设位置时、必须先查找路径，并丈量初测故障距离的地面位置，然后在此位置附近，即电缆路径上方，用“定点仪”准确定位。

接好冲击高压放电设备，在冲击高压发生器对故障电缆做高压冲击时，高压幅度要足够高，以保证故障点充分放电，为了使故障点充分放电产生强的振动波可加大电容。调整好放电周期（约 2 ~ 4 s/次）。

准备好定点仪，将耳机插头插入“耳机”插孔，调整“灵敏度”旋钮，接收地下放电声。在相同灵敏度下，耳机声最响的地方，其下面就是故障点。

环境噪声较大时采用滤波接收方式，按下“滤波”按键，此时耳机无声，当“声、磁”指示灯间歇亮时耳机才有声音。

这里要注意以下几点：尽量减少人说话、行走产生的干扰声音。注意观察高压侧仪器设备正常工作与否。在准确的路径上耐心、认真仔细定位。对初测结果要有信心。当声音范围太大时应减小灵敏度，以缩小范围，甚至可以降低高压脉冲的幅度再配合接收灵敏度的调节以缩小范围，达到最后定点的目的。

4）低压电缆故障测试方法

高压电缆故障测试仪器设计时已考虑了低压电缆的特点，完全适应各种低压电缆各种故障的检测。

（1）仪器的配套。

用于检测低压电缆故障时，高压发生器有两种方式。

一种是 FCL-2005 智能型智能电缆故障测试仪，包括：路径信号发生器、手持多频路径仪、一体化无噪定点仪、无线高压脉冲采样器、微型刻度球隙。另一种是 FCL-2051 遥控型高压脉冲发生器一台（0 ~ 14 kV）。

（2）检测方法与步骤。

低压电缆检测步骤与高压电缆完全相同。初测（预定位）——核查路径——无噪精确定位。低压电缆检测方法与高压电缆完全相同。

（3）低压电缆故障检测注意事项。

高阻故障初测及定位时，高压脉冲幅度不能太大，可以选 5 ~ 14 kV，宁小勿大，只要能取到放电波形，或定位时能定位即可（由于是 μs 级窄脉冲，平均能量很小，又加在故障电缆上，故不会对好电缆造成损害）。

所用脉冲储能电容器容量要比高压电缆检测时大，为了在低电压下提供大能量，一般取 4 ~ 30 μF（短电缆取小，长电缆取大）。放电时间为 3 ~ 5 s 一次。

实操视频

电缆故障测试

试验九　绝缘油耐压测试

一、概述

绝缘油是电气设备常用的绝缘、灭弧和冷却介质。为保证它在运行过程中具有良好的性能，必须定期对其进行各项试验，尤其是耐压试验。绝缘油的耐压试验是在专用的击穿电压试验器中进行的，试验器包括一个瓷质或玻璃油杯、两个直径 25 mm 的圆盘电极，电极应光滑，无烧焦痕迹。试验时，将取出的油样倒入油杯内，放入电极，使两个电极相距 2.5 mm。试验应在温度为 10 ~ 35 °C 和相对湿度不大于 75% 的室内进行。

二、测试原理及标准

绝缘油耐压测试仪的基本原理：把一个高于正常工作的电压加在被测设备的绝缘体上，并持续一段规定的时间，如果其绝缘性足够好，加在上面的电压就只会产生很小的泄漏电流。如果一个被测设备绝缘体在规定的时间内，其泄漏电电流保持在规定的范围内，就可以确定这个被测设备可以在正常的运行条件下安全运行。

进行耐压测试时，技术规格不同，被测试品测量标准也就不同。对一般被测设备，耐压测试是测量火线与机壳之间的漏电流值，基本规定是：以两倍于被测物的工作电压再加 1 000 V 作为测试的标准电压。部分产品的测试电压可能高于这一规定值。按照 IEC61010 的规定，测试电压必须在 5 s 内逐渐地上升到所要求的试验电压值（例如 5 kV 等），保证试验电压值稳定加在被测绝缘体上不少于 5 s，此时所测回路的漏电流值与标准规定的泄漏电流值相比较，就可以判断被测产品的绝缘性能是否符合标准。测试结束后，试验电压必须在规定的时间内逐渐地降至零。

绝缘油的试验标准如表 9-1 所示。

表 9-1　绝缘油的耐压试验标准

工作电压	击穿电压要求
500 kV	≥60 kV
330 kV	≥50 kV
60 ~ 220 kV	≥40 kV
35 kV 及以下电压等级	≥35 kV

三、试验仪器

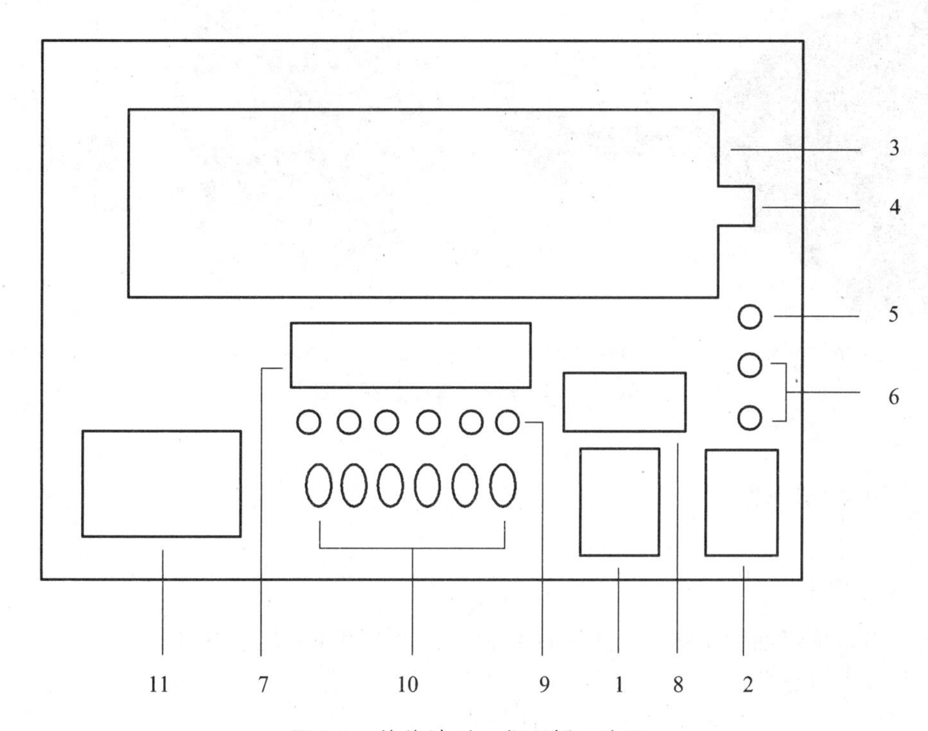

图 9-1 绝缘油耐压仪面板示意图

①—电源开关；②—电源插座；③—高压舱；④—安全开关；⑤—安全接地；⑥—3 A 保险；
⑦—显示屏；⑧—设置盘；⑨—指示灯；⑩—键盘；⑪—打印机

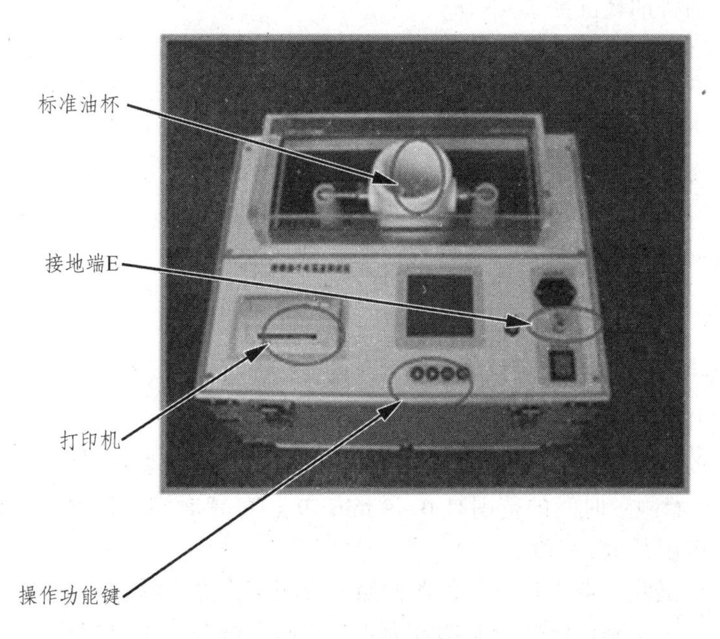

图 9-2 绝缘油耐压仪结构图

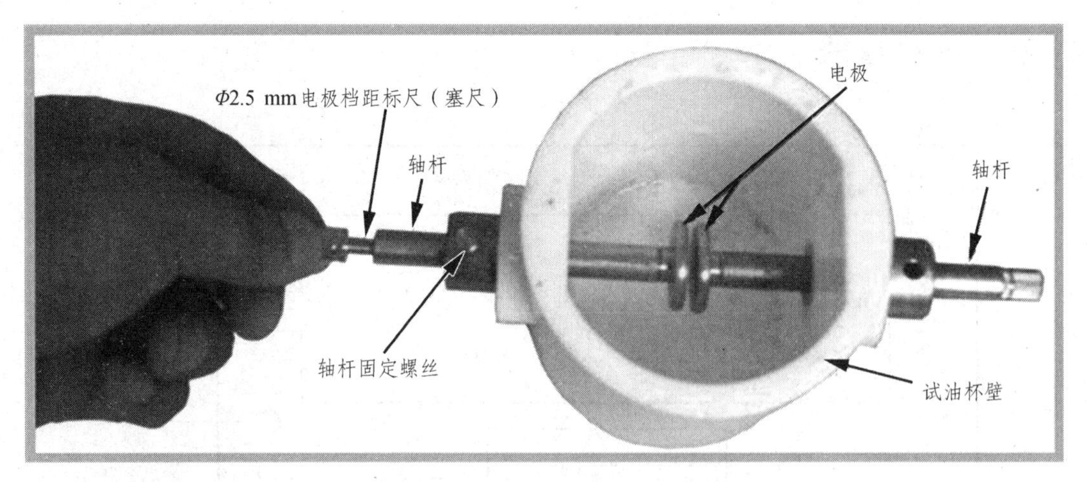

图 9-3　绝缘油标准油杯结构图

四、试验步骤

1. 试验操作流程

使用全自动绝缘油耐压测试仪进行试验时，需要按照如下流程进行操作：

（1）将仪器可靠接地。

（2）断电状态下，将磁振子置于验油杯中。

（3）试油必须在不破坏原有贮装密封的状态下，于试验室内放置一段时间，待油温和室温相近后方可揭盖试验。在揭盖前，将试油轻轻摇荡，使内部杂质均匀，但不得产生气泡，在试验前，用试油将油杯洗涤 2 ~ 3 次。

（4）断电状态下，将测试样油装入油杯，试油注入油杯时，应徐徐沿油杯内壁流下，以减少气泡，在操作中，不允许用手触及电极、油杯内部和试油。试油盛满后必须静置 10 ~ 15 min，方可开始升压试验。

（5）断电状态下，罩上电极罩，盖好高压仓。

（6）合上电源开关，仪器出现欢迎界面后，自动转入主界面如图 9-1 所示。

（7）通过旋转鼠标可以选择进行击穿试验，耐压试验，查看历史数据，时间设定和 PC 通信等操作项目。

2. 击穿试验

进入击穿试验后，击穿试验的操作方法为：

（1）进行试验参数设置，设置的项目包括，油标号，初始静置时间，试验次数，静置时间和搅拌时间，初始静置时间的范围是 0 ~ 9 min 59 s，静置时间的设置范围是 0 ~ 9 min 59 s，搅拌时间的设置范围是 0 s ~ 59 s。

（2）选择开始试验，点击运行后仪器按照先升压至击穿，搅拌，静置，再升压至击穿的顺序循环进行，直至达到设定的试验次数为止，蜂鸣器鸣叫，试验停止。

（3）击穿试验完成后，显示的试验结果包括的击穿电压，击穿电压平均值和试验参数设置。

（4）操作人员还可以根据需要将试验结果保存和打印。

4. 耐压试验

进入耐压试验后，耐压试验的操作方法为：

（1）进行试验参数设置，设置的项目包括：设置电压和耐压时间。

（2）选择开始试验，点击运行后仪器按照先升压至耐压值，如果升压过程中，发生击穿现象则试验直接结束，如果升压至耐压值过程中没有发生击穿，则在耐压值电压停留“耐压时间”所设定的时间长度。

（3）耐压试验完成后，显示的试验结果包括耐压值，耐压时间和试验结果（合格/不合格）。

（4）操作人员还可以根据需要将试验结果保存和打印。

五、注意事项

1. 操作注意事项

（1）试验过程中，如果高压仓被打开，仪器会自动报警，提示用户高压仓已被打开。

（2）试验过程中如果意外关机，再开机时仪器会接着上次没有完成的试验继续进行。

（3）仪器通电后有高压输出，严禁打开高压仓。

2. 劣质油试验易损坏仪器

回收的未经过滤加工处理的绝缘油称劣质油，含有相当多的水分和杂质，它的绝缘抗电强度多在 12 kV 以下。特别是含水分较多的劣质油，有的用户未知其劣到什么程度，亦用测高绝缘强度的仪器进行测试，结果对本仪器的高压测试系统易造成损坏，损坏的原因如图 9-4 所示。

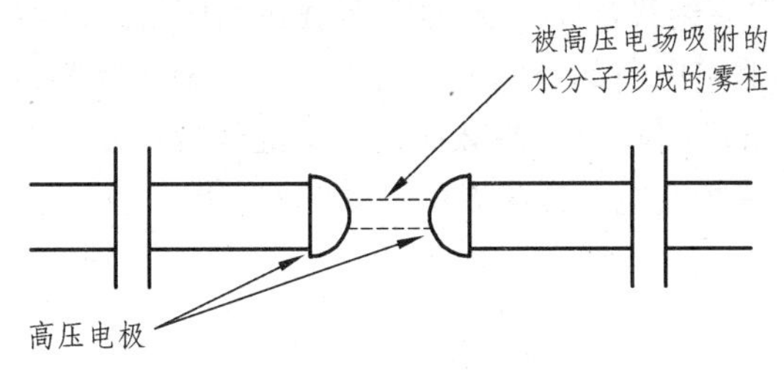

图 9-4　雾柱和杂质构成导电介质将两半球连通形成高压回路

正常情况下，高压电极间被绝缘油填充。测试时两电极间的电压不断加大，不同绝缘强度的绝缘油能承受不同值的高压电场，这个不断上升的高压电场致使绝缘油不能承受时则被突然击穿，击穿时的瞬变大电流被仪器采集并立即断闸失去高压转入降压运行。

当测试含水分较重的劣质油时，两半球电极间的电压不断升高，同时绝缘油中的水微粒在高压电场的作用下被吸附到球隙间形成淡白色的雾状水柱，由细变粗，水阻越来越小。这种水阻变小，高压变压器电流增大（而无击穿突变放电）的瞬变过程致使仪器受到损坏，限流电阻，保险管烧断甚至会烧毁仪器高压变压器。

3. 低耐压绝缘油的测试

这种绝缘油通常在 15 ~ 35 kV，绝缘油中即使含有微量的水分和杂质，仪器也能正常测试，仪表现在升压过程中个别气泡微粒（或杂质）被吸附到球隙间产生放电，气泡被击散挤出球隙间，补充过来的是油，故仍继续升压到绝缘油的最大承受点被击穿，这种测试数据仍是可靠的。如 9-5 为测量数据示意图。

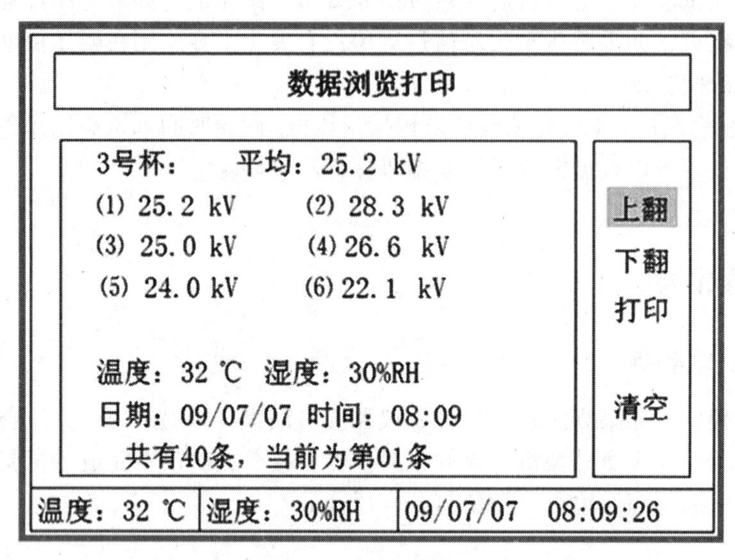

图 9-5 测量 6 次数据图

4. 对劣质油的测试

对回收待过滤处理的绝缘油如用肉眼能看到的水珠或杂质，最好不要强行用仪器作试验。凡经 24 小时以上存放的劣质绝缘油中，大的水滴沉在油底层，微粒气泡浮在油的上面。用户需采用无水污染的器具抽出中间部分的油样，在试验中密切观察升压（从升压的起始期开始）时是否出现如图 9-2 所示细丝线般的雾柱，如一经发现应立即关断电源，停止测试。或者在升压过程中出现多点持续放电，仪器不能自动断闸，用户也应立刻关断电源，停止试验。

5. 试验结果判别

试验中，其火花放电电压的变化有四种情况：

（1）第一次火花放电电压特别低，第一次试验可能因向油杯中注油样时或注油前油杯电极表面不洁净带进了一些外界因素的影响，使得第一次的数值偏低。这时可取 2 ~ 6 次的平均值。

（2）六次火花放电电压数值逐渐升高，一般在未净化处理或处理不够彻底而吸有潮气的油样品中出现，这是因为油被火花放电后油品潮湿程度得到改善所致。

（3）六次火花放电电压数值逐渐降低。一般出现在试验较纯净的油中，因为生成的游离带电粒子、气泡和炭屑相继增加，损坏了油的绝缘性能，另外还有的自动油试验器在连续试验 6 次中不搅拌，电极间的碳粒逐渐增加，导致火花放电电压逐渐降低。

（4）火花放电电压数值两头偏低中间高。这属于正常现象。

如果遇到耐压值离散性很大的情况，比如：按预防试验方法进行的试验中 6 次试验有 1 次数值偏离其他值很多，可不计算此次数值，或重新取油样试验，离散性大可能是油质本身不好或游离碳分布不均造成。

由于油耐压试验结果离散性较大，如果每次击穿电压偏高（接近 80 kV）或者每次结果都一样，说明仪器可能已损坏，请与制造厂家联系。

6. 仪器保养

（1）油杯和电极需保持清洁，在停用期间，必须用盛新变压器油的方法进行保护。对劣质油进行试验后，必须以溶剂汽油或四氯化碳洗涤，烘干后方可继续使用。

（2）油杯和电极在连续使用达一个月后，应进行一次检查。检验测量电极距离有无变化，用放大镜观察电极表面有无发暗现象，若有此现象，则应重新调整距离并用鹿皮或绸布擦净电极。若长期停用，在使用前也应进行此项工作。

（3）如果长时间不用仪器，请在一个月内通电一次，时间为 1 小时。

（4）仪器工作不正常时请检查保险是否已熔断，更换同一型号保险后方可继续试验。

六、思考题

（1）绝缘油不合格应如何处理？

（2）绝缘油在测试时为何要静置 15 min 后测试？

讲授视频

实操视频

绝缘油耐压测试

试验十　绝缘靴手套耐压测试

一、概述

按照《电业安全工作规程》的要求，安全用具必须进行定期耐压试验，满足高压使用安全标准。安全用具应半年进行定期检查。

绝缘靴是属于辅助安全用具，可防止跨步电压对人身的伤害，其电压等级有 6 kV、20 kV、25 kV、35 kV 绝缘靴。绝缘鞋、绝缘手套每半年应进行预防性试验检测。

二、测试原理

用一个箱装水，并对地绝缘，水和地间串一个交流毫安表。手套，靴内盛水至离口以下 5 cm 且边沿不湿，置入水箱，套内引线加高压，耐压时间 1 min，不超过规定电流为合格。

接入 0～220 V 电源，根据电磁感应原理，使变压器产生 0～30 kV 工频高压至各电极，使绝缘靴（手套）获得规定的试验电压。根据绝缘靴（手套）试验规程，读取、记录测试参数。绝缘鞋绝缘性能要求如表 10-1 所示。绝缘工具检测周期及标准如表 10-2 所示。

表 10-1　绝缘鞋绝缘性能要求

鞋种	电压等级/kV	试验名称	工频试验电压（有效值）/kV	持续时间/min	泄漏电流/mA≤
绝缘靴	6	出厂试验	6	1	2.4
		预防性试验	5	1	1.8
	10	出厂试验	10	1	4
		预防性试验	6	1	3.2
	20	出厂试验	15	1	6
		预防性试验	12	1	4.8
	25	出厂试验	20	1	8
		预防性试验	15	1	6
	35	出厂试验	30	1	10
		预防性试验	25	1	10
绝缘布鞋	5	出厂试验	5	1	1.5
		预防性试验	3.5	1	1.1
	15	出厂试验	15	1	4.5
		预防性试验	12	1	3.6

表 10-2　绝缘工具检测周期及标准

<table>
<tr><th>试验项目</th><th>项　目</th><th>周　期</th><th>电压等级/kV</th><th colspan="3">要　求</th><th>说　明</th></tr>
<tr><td rowspan="3">绝缘手套</td><td rowspan="3">工频耐压试验</td><td rowspan="3">半年</td><td>电压等级</td><td>工频耐压/kV</td><td>持续时间/min</td><td>泄漏电流/mA</td><td rowspan="3">操作箱已经预置好</td></tr>
<tr><td>高压 3～10</td><td>8</td><td>1</td><td>≤9</td></tr>
<tr><td>低压 0.5</td><td>2.5</td><td>1</td><td>≤2.5</td></tr>
<tr><td rowspan="3">绝缘胶垫</td><td rowspan="3">工频耐压试验</td><td rowspan="3">一年</td><td>电压等级</td><td>工频耐压/kV</td><td>持续时间/min</td><td>泄漏电流/mA</td><td rowspan="3">操作箱已经预置好</td></tr>
<tr><td>高压</td><td>15</td><td>1</td><td>无击穿</td></tr>
<tr><td>低压</td><td>3.5</td><td>1</td><td>无击穿</td></tr>
<tr><td rowspan="2">自定义</td><td colspan="3" rowspan="2">工频耐压试验</td><td>工频耐压/kV</td><td>持续时间/min</td><td>泄漏电流/mA</td><td rowspan="2">耐压试验电压、试验时间、泄漏电流值可选</td></tr>
<tr><td>1～30 可选</td><td>1～10 可选</td><td>1～20 可选</td></tr>
</table>

三、试验设备

该产品分二部分组成：绝缘靴（手套）试验车和绝缘靴（手套）操作箱。

1. 绝缘靴（手套）试验车

试验车由：移动托架、盛水水槽、电极杆支撑等组成。

2. 绝缘靴（手套）操作箱

绝缘靴（手套）操作箱见图 10-1。绝缘靴（手套）试验台见图 10-2。

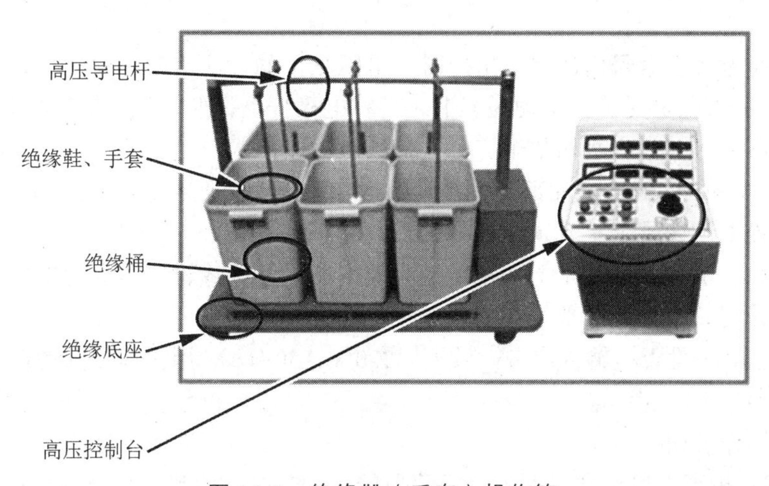

图 10-1　绝缘靴（手套）操作箱

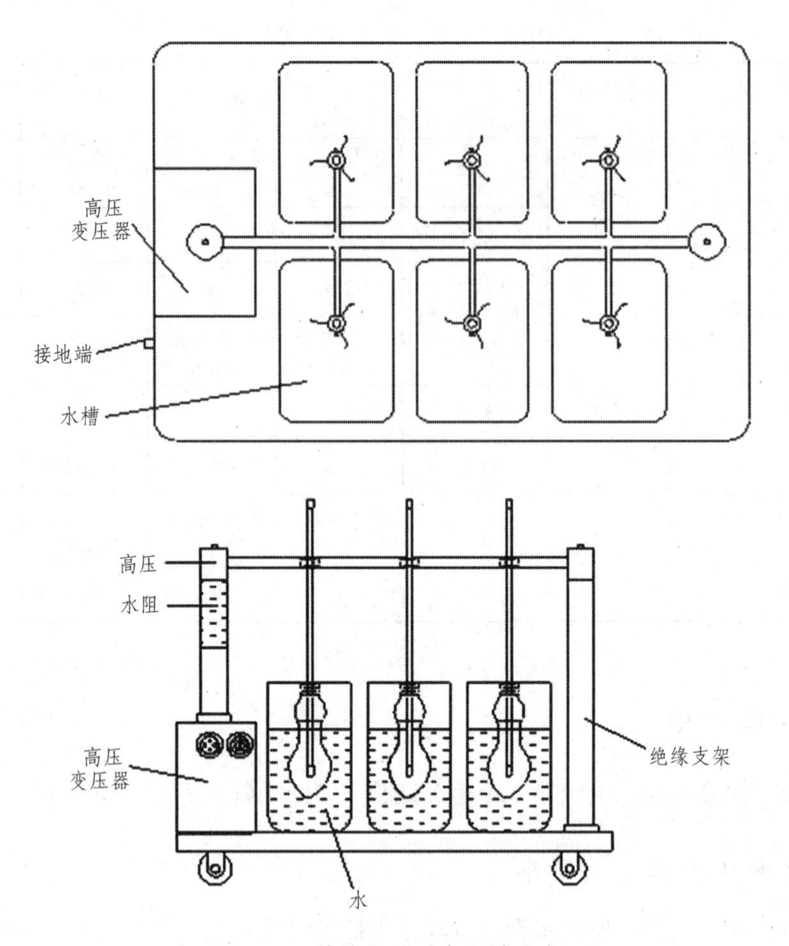

图 10-2 绝缘靴（手套）试验台

四、试验步骤

（1）使用前先将水电阻内注水（出厂时水电阻是空的，注水时不要注得太满，淹没电极即可），注满水的水电阻安装在移动托架上，再将电极杆支撑两端插入绝缘撑杆和水电阻内。

（2）将水槽注水，水占水槽整个三分之二，被试品注水，绝缘靴（手套）内外盛水呈相同高度，应有 90 mm 的露出水面部分，并确保绝缘靴（手套）露出水面的部分干燥清洁，然后将高压电极置于绝缘靴（手套）内并将绝缘靴（手套）夹好。

（3）绝缘靴（手套）试验车上的接地端与地网相连，绝缘靴（手套）操作箱面板接地端也与地网相连并同试验车上接地端在同一个接点位置接地网。

（4）检查总电源是否与输入电源一致（～220 V，50 Hz），用操作箱配的两根电缆把操作箱同试验台相连接。

（5）面板操作说明：

“复位”键：相当于退出和返回上一级菜单的作用。在试验过程中可随时按“复位”键终止操作。

“选择”键：移动光标；在“自定义”菜单下可用来选择耐压试验电压值、试验时间值、泄漏电流值。

“确认”键：按键选择下一部操作，试验过程结束后，按“确认”键可以打印试验数据。

（6）在试验过程中，如果泄漏电流大于规定值、或试验品被击穿，操作箱保护动作，自动切断电源，自动回零，泄漏电流超标或被击穿的绝缘靴（手套）对应的指示值闪烁，并有报警声，取下泄漏电流超标或被击穿的绝缘靴（手套），然后再重复上述操作方法。在试验过程中如果由于市电波动造成试验电压或高或低，可以按“确认”键升高电压，也可以按“选择”键降低电压。

（7）整个试验过程结束后，操作箱会自动回零，按“确认”键可以打印试验数据。

（8）拆卸绝缘靴（手套）时应切断电源，重复上述方法进行下一批次的试验。

五、注意事项

（1）该装置在试验过程中，操作人员应安全距离操作（空气中每米小于 20 kV），工频耐压试验台、操作箱必须可靠接地，接地电阻应小于 0.1 Ω。

（2）使用前应测试变压器绝缘电阻，其输入对地绝缘电阻值应大于 2 MΩ，输出对地绝缘电阻值应大于 10 MΩ。

（3）使用前应检查各电气元件触点是否松动，接触是否良好，各保护系统是否能正常工作。

（4）使用前，应将绝缘撑杆、电极、电极杆、盛水槽等各部位用酒精擦净。

（5）加压试验完毕，同时按住“快降”“慢降”，使仪器复位指示灯亮，确保下次可以加压试验。

（6）试验完毕应将水放完，用棉布将各部位擦干。若长期不使用时应置于干燥通风处保存。

（7）工作和存放场所应无严重影响绝缘的气体、蒸汽、化学性尘埃及其他爆炸性和侵蚀性介质。

（8）必须由专业人员操作，并严格遵守操作程序。

六、思考题

（1）辅助工具耐压试验，为何绝缘桶要装水？绝缘桶能不能用普通水桶代替？

（2）标称电压为 3 kV、6 kV 和 10 kV 的绝缘手套，为何试验时所加工频耐压均为 8 kV？

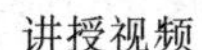

讲授视频

实操视频

绝缘靴手套耐压测试

附录：高压技能操作项目作业考核评分参考标准

<table>
<tr><td colspan="2">项目编号</td><td></td><td>考核时限</td><td></td><td>得分</td><td></td></tr>
<tr><td colspan="2">开始时间</td><td></td><td>结束时间</td><td></td><td>用时</td><td></td></tr>
<tr><td colspan="2">作业项目</td><td colspan="5"></td></tr>
<tr><td colspan="2">项目要求</td><td colspan="5">（1）说明试验原理及过程
（2）现场就地操作演示并说明需要试验的绝缘结构及材料
（3）注意安全，操作过程符合安全规程
（4）编写试验报告
（5）实操时间不能超过 30 min，试验报告时间 20 min，实操试验提前完成的，其节省的时间可加到试验报告的编写时间里</td></tr>
<tr><td colspan="2">材料准备</td><td colspan="5">（1）准备与本次项目相关的试验设备及试品
（2）正确摆放被试品；正确摆放试验设备
（3）准备绝缘工具、接地线、电工工具和试验用接线及接线钩叉、鳄鱼夹等
（4）其他工具，如绝缘胶带、万用表、温度计、湿度仪</td></tr>
<tr><td rowspan="15">评分标准</td><td>序号</td><td>项目名称</td><td colspan="3">质量要求</td><td>满分 100 分</td></tr>
<tr><td rowspan="5">1</td><td rowspan="5">安全措施（14 分）</td><td colspan="3">（1）试验人员穿绝缘鞋、戴安全帽，工作服穿戴齐整</td><td>3</td></tr>
<tr><td colspan="3">（2）检查被试品是否带电（可口述）</td><td>2</td></tr>
<tr><td colspan="3">（3）接好接地线对试品进行充分放电（使用放电棒）</td><td>3</td></tr>
<tr><td colspan="3">（4）设置合适的围栏并悬挂标示牌</td><td>3</td></tr>
<tr><td colspan="3">（5）试验前，对试品外观进行检查，并向考评员汇报</td><td>3</td></tr>
<tr><td rowspan="4">2</td><td rowspan="4">试品及仪器仪表铭牌参数抄录（7 分）</td><td colspan="3">（1）对与试验有关的试品铭牌参数进行抄录</td><td>2</td></tr>
<tr><td colspan="3">（2）选择合适的仪器仪表，并抄录仪器仪表参数、编号、厂家等</td><td>2</td></tr>
<tr><td colspan="3">（3）检查仪器仪表合格证是否在有效期内并向考评员汇报</td><td>2</td></tr>
<tr><td colspan="3">（4）向考评员索取历年试验数据</td><td>1</td></tr>
<tr><td>3</td><td>试品外绝缘清擦（2 分）</td><td colspan="3">至少要有清擦意识或向考评员口述示意</td><td>2</td></tr>
<tr><td rowspan="2">4</td><td rowspan="2">温、湿度计的放置（4 分）</td><td colspan="3">（1）试品附近放置温湿度表，口述放置要求</td><td>2</td></tr>
<tr><td colspan="3">（2）在试品本体测温孔放置棒式温度计</td><td>2</td></tr>
</table>

续表

<table>
<tr><td rowspan="20">评分标准</td><td>序号</td><td>项目名称</td><td>质量要求</td><td>满分100分</td></tr>
<tr><td rowspan="3">5</td><td rowspan="3">试验接线情况（9分）</td><td>（1）仪器摆放整齐规范</td><td>3</td></tr>
<tr><td>（2）接线布局合理</td><td>3</td></tr>
<tr><td>（3）仪器等地线连接牢固良好</td><td>3</td></tr>
<tr><td>6</td><td>电源检查（2分）</td><td>用万用表检查试验电源</td><td>2</td></tr>
<tr><td rowspan="7">7</td><td rowspan="7">试品带电试验（23分）</td><td>（1）试验前撤掉地线，并向考评员示意是否可以进行试验。简单预说一下操作步骤</td><td>2</td></tr>
<tr><td>（2）接好试品，操作仪器，如果需要则缓慢升压</td><td>6</td></tr>
<tr><td>（3）升压时进行呼唱</td><td>1</td></tr>
<tr><td>（4）升压过程中注意表计指示</td><td>5</td></tr>
<tr><td>（5）电压升到试验要求值，正确记录表计指数</td><td>3</td></tr>
<tr><td>（6）读取数据后，仪器复位，断掉仪器开关，拉开电源刀闸，拔出仪器电源插头</td><td>3</td></tr>
<tr><td>（7）用放电棒对被试品放电、挂接地线</td><td>3</td></tr>
<tr><td>8</td><td>记录试验数据（3分）</td><td>准确记录试验时间、试验地点、温度、湿度、油温及试验数据</td><td>3</td></tr>
<tr><td rowspan="2">9</td><td rowspan="2">整理试验现场（6分）</td><td>（1）将试验设备及部件整理恢复原状</td><td>4</td></tr>
<tr><td>（2）恢复完毕，向考评员报告试验工作结束</td><td>2</td></tr>
<tr><td rowspan="5">10</td><td rowspan="5">试验报告（20分）</td><td>（1）试验日期、试验人员、地点、环境温度、湿度、油温</td><td>3</td></tr>
<tr><td>（2）试品铭牌数据：与试验有关的变压器铭牌参数</td><td>3</td></tr>
<tr><td>（3）使用仪器型号、编号</td><td>3</td></tr>
<tr><td>（4）根据试验数据作出相应的判断</td><td>9</td></tr>
<tr><td>（5）给出试验结论</td><td>2</td></tr>
<tr><td></td><td>11</td><td>考评员提问（10分）</td><td>提问与试验相关的问题，考评员酌情给分</td><td>10</td></tr>
<tr><td colspan="3">考评员项目验收签字</td><td colspan="2"></td></tr>
</table>

参考文献

[1] 邱永椿. 高压电气试验培训教材[M]. 北京：中国电力出版社，2016.
[2] 何发武. 城市轨道交通电气设备测试[M]. 成都：西南交通大学出版社，2017.
[3] 何发武. 高电压设备测试[M]. 北京：中国铁道出版社，2014.